AIGC与大模型技术丛书

闫河　颜佳明　著

改变视频的
AI技术

Pika的无限创意

机械工业出版社
CHINA MACHINE PRESS

本书从 Pika 作为一款人工智能创意视频制作平台开启了人工智能新时代讲起，为读者详细介绍了该工具的基础操作和高级应用，之后用大量的案例及图示为读者展示了 Pika 对各类社交媒体平台、广告海报制作、动漫生成、游戏场景和人物角色及电影等多个领域的颠覆性影响，给读者带来一场视觉的顶级盛宴。随着科技的不断创新和发展，以 AI 技术为代表的新质生产力势必将持续深刻影响社会发展的各个方面。

随书附赠案例素材、效果视频，以及 PPT 等海量学习资源。本书可作为想利用 AI 生成视频提升创作效率的影视行业从业者、AI 爱好者的学习手册，也可作为广大对 AI 生成视频进行商业应用感兴趣的 UP 主、特效师、主播、电商等数字创意专业人士的辅导工具书，还可作为大中专院校相关专业及培训机构师生的培训教程。

图书在版编目（CIP）数据

改变视频的 AI 技术：Pika 的无限创意/闫河，颜佳明著 . --北京：机械工业出版社，2024.6. --（AIGC 与大模型技术丛书）. --ISBN 978-7-111-75956-0

Ⅰ. TP317.53

中国国家版本馆 CIP 数据核字第 20249WF519 号

机械工业出版社（北京市百万庄大街 22 号　邮政编码 100037）
策划编辑：丁　伦　　　　　　责任编辑：丁　伦
责任校对：龚思文　梁　静　　责任印制：李　昂
北京捷迅佳彩印刷有限公司印刷
2024 年 10 月第 1 版第 1 次印刷
185mm×260mm · 16 印张 · 354 千字
标准书号：ISBN 978-7-111-75956-0
定价：119.00 元

电话服务　　　　　　　　　网络服务
客服电话：010-88361066　　机 工 官 网：www.cmpbook.com
　　　　　010-88379833　　机 工 官 博：weibo.com/cmp1952
　　　　　010-68326294　　金 书 网：www.golden-book.com
封底无防伪标均为盗版　　机工教育服务网：www.cmpedu.com

推 荐 序

非常开心能够为《改变视频的 AI 技术：Pika 的无限创意》一书写推荐语。

这本书详细介绍了 Pika 的多种功能、用法和它为视频创作带来的无限可能性。AI 视频生成技术的出现改变了人们创作和观看视频的方式，给了每个人一个将想象中的画面呈现出来的机会，Pika 则更专注于如何让人们用最简单的方法实现它。

感谢作者团队对我们一直以来的支持和编撰此书的心意及努力。

——Pika 创始人团队

Demi（郭文景）、Jessie（马雨田）

前　言

本书策划背景：视频的演变与 AI 的融合

在 21 世纪，人工智能（AI）已经成为推动科技革新和社会发展的关键力量。特别是在视频制作和处理领域，AI 技术的应用正在以前所未有的速度改变着人们创造和消费内容的方式。视频，作为最直观的媒介之一，一直是人们沟通和表达的重要方式。从早期的黑白电影到当代的高清视频，技术的演进不断推动着视频内容的革新。然而，随着 AI 技术的发展，视频的制作和消费已经超越了传统意义上的技术革新，进入了一个全新的创意时代。本书旨在探索 AI 如何与视频技术相结合，以及这种结合如何激发出无限的创意和可能性。

本书内容：AI 与创意的火花

Pika 作为一个 AI 创作平台，代表了当前 AI 技术在视频领域的前沿应用。它不仅是一个工具，更是一个创意"伙伴"，能够理解创作者的意图，提供个性化的解决方案，从而激发出前所未有的创意火花。

本书通过深入浅出的方式，为读者揭示了 Pika 在数字创意领域的革命性突破。首先，从 Pika 的发展历程开始介绍，之后带领读者学习注册与登录 Pika 的过程，掌握视频的生成、保存与删除等诸多技巧，以及加密图像融合等实用功能；接着，详细介绍了 Pika 的高级系统、控制面板、提示词控制面板、工作台和智能拓展等功能；然后，展示了如何选择相关素材（如文本或图片）来生成精彩视频内容的核心操作流程，还深度解析了转换不同视频风格、扩展视频画布或宽高比，以及延长视频长度等实用功能；最后，深入探讨了 Pika 在社交媒体、广告、动漫、游戏和电影等主流领域的应用技巧，通过海量的实例操作和效果展示，读者将见证 Pika 如何颠覆这些领域，创造出令人惊叹的视觉效果。

此外，全书除了赠送设计素材、案例效果文件和授课用 PPT 外，还会赠送 AI 配音、AI 文案、AI 翻译等辅助 Pika 制作视频的相关软件、插件工具包。同时，关注作者公众号等社交媒体平台还会随时获得 AI 最新资讯与软件更新内容后的教学信息。

作者团队：卓越团队的智慧结晶

　　本书作者之一为中国质量协会专家级会员、陕西科技大学老师闫河，他利用 AI 绘画、视频技术在抖音、视频号和小红书等平台创建"汉服织造局"自媒体公号，全网粉丝超 30 万，主导发明的多项 AI 技术获十余项发明专利，涉及 AI 算法等多个核心技术领域。本书另一位作者为 Pika 官方版主、Pika 中文社区发起人、Pika Mod Team 成员颜佳明，他负责制作教学视频并管理艺术家社区，个人作品《Pika 完整教程合集》曾获抖音和哔哩哔哩（B 站）等平台搜索榜第一。以上两位老师的多部作品曾入选北京国际电影节、中国科幻大会等展会，新作《如此生活三十年》获第十四届北京国际电影节 AIGC 电影短片单元优秀奖。

　　此外，陕西科技大学的许小周、王宏伟、关子乐、王宝莹、周末、陈思彤、余小军等老师、同学与主创团队紧密合作，以专业的知识、严谨的态度和卓越的团队精神，为本书注入了无限的活力与创意，在此表示感谢。

读者群体：探索 AI 如何改变视频

　　无论是专业的视频制作人员还是对 AI 技术充满好奇的爱好者，本书都将为您提供宝贵的知识价值和灵感信息。通过阅读本书，您将深入了解 Pika 的强大功能，并掌握使用 Pika 制作高质量视频的技巧，开启数字创意领域的无限可能，从而在快速变化的世界中保持创新力和竞争力。

　　由于作者水平有限，加之成书时间紧迫，书中不足之处在所难免，我们恳请各位专家和广大读者不吝赐教，提出宝贵的批评和指正意见。相信通过不断学习和改进，我们能够共同推动这一领域的发展。

作　者

目　　录

推荐序

前　言

Pika 开启人工智能新时代　第 1 章　01

1.1　Pika 的发展历程　/　1

1.1.1　"AI 电影节"大赛　/　1

1.1.2　Pika 背后的团队　/　2

1.1.3　超级 AI 视频工具 Pika 1.0 的诞生　/　3

1.2　Pika 在数字创意领域的革命性突破　/　3

1.2.1　Pika 的技术原理　/　4

1.2.2　Pika 的文本理解能力　/　6

1.2.3　Pika 的超强可控性　/　7

Pika 基础使用指南　第 2 章　02

2.1　Pika 的注册与登录　/　9

2.1.1　Pika 官网　/　9

2.1.2　注册并登录 Pika 账号　/　10

2.1.3　Pika 频道列表　/　12

2.1.4　Pika 私密创作　/　20

2.2　Pika 的基础生成功能　/　23

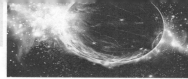

2.2.1　文本生成视频 / 24

2.2.2　参考图生成视频 / 26

2.2.3　参考图结合文字生成视频 / 28

2.2.4　反馈与修改 / 31

2.2.5　基础控制参数 / 34

2.3　**Pika 的保存与删除** / 36

2.3.1　保存已生成视频 / 37

2.3.2　删除已生成视频 / 37

2.4　**加密图像融合功能** / 38

2.4.1　文本融合视频 / 38

2.4.2　图案融合视频 / 43

2.4.3　加密图像权重控制 / 45

2.4.4　加密图像尺寸设置 / 47

2.4.5　加密图像使用技巧 / 48

03　第 3 章　Pika 高级使用指南

3.1　**解锁 Pika 高级系统** / 50

3.1.1　关于 Pika 高级系统的公告 / 50

3.1.2　在官网解锁 Pika 高级系统 / 51

3.2　**Pika 的基本控制面板** / 51

3.2.1　改变画幅大小 / 52

3.2.2　改变画面帧数 / 53

3.3　**Pika 的相机运动面板** / 53

3.3.1　平移运动 / 53

3.3.2　旋转运动 / 54

3.3.3　推拉镜头 / 55

3.3.4　运动幅度控制 / 56

3.4　**Pika 的提示词控制面板** / 57

3.4.1　负面提示词 / 57

3.4.2　种子文件的用法 / 58

3.4.3　调整提示词关联度 / 58

3.5　Pika 的工作台 / 59

3.5.1　在工作台生成视频 / 59

3.5.2　重新生成视频 / 60

3.5.3　预览、下载与删除 / 61

3.5.4　一键复制提示词 / 63

3.5.5　重写提示词 / 63

3.5.6　局部修改视频 / 64

3.6　Pika 的智能拓展 / 66

3.6.1　画面扩张 / 66

3.6.2　视频加时 / 68

3.6.3　画质升级 / 70

3.6.4　查看视频参数与来源 / 71

3.7　Pika 的视频生成视频 / 72

3.7.1　改变视频风格 / 72

3.7.2　改变视频元素 / 73

3.8　Pika 的唇形同步功能 / 74

3.8.1　视频唇形同步 / 74

3.8.2　图片唇形同步 / 80

3.8.3　图片动态素材 / 82

3.9　Pika 的音效生成功能 / 84

3.9.1　自动匹配环境音效 / 84

3.9.2　手动匹配环境音效 / 85

3.10　Pika 的原始素材选择技巧 / 87

3.10.1　提示词的选择 / 87

3.10.2　图片的选择 / 92

3.10.3　视频的选择 / 93

Pika 对社交媒体内容生产的颠覆　第 4 章　04

4.1　Pika 在社交媒体内容生产的应用技巧 / 94

4.1.1 Pika 适应各个平台比例与内容技巧 / 94

4.1.2 Pika 生成热点元素视频 / 96

4.1.3 Pika 避免侵权与无限内容生成技巧 / 97

4.2 Pika 适应各个平台内容实例效果 / 98

4.2.1 抖音美食短片生成效果演示 / 98

4.2.2 抖音舞蹈短片生成效果演示 / 102

4.2.3 视频号旅行短片生成效果演示 / 106

4.2.4 视频号汽车短片生成效果演示 / 110

4.2.5 小红书美妆短片生成效果演示 / 113

4.2.6 小红书宠物短片生成效果演示 / 115

4.2.7 西瓜视频农作物生产短片生成效果演示 / 118

4.2.8 哔哩哔哩学习短片生成效果演示 / 120

4.3 Pika 生成热点元素视频实例效果 / 122

4.3.1 新国风元素视频生成效果演示 / 122

4.3.2 戏剧化元素剧情生成效果演示 / 125

4.3.3 超现实元素短片生成效果演示 / 126

4.4 Pika 无限内容生成实例效果 / 128

4.4.1 统一风格短视频生成效果演示 / 129

4.4.2 连续短视频剧情生成效果演示 / 130

05 第 5 章 Pika 对广告领域的颠覆

5.1 Pika 在广告领域的应用技巧 / 134

5.1.1 图片生成动态海报 / 134

5.1.2 Pika 生成产品宣传片 / 138

5.2 图片生成动态海报广告内容实例效果 / 143

5.2.1 文本动态海报生成效果演示 / 143

5.2.2 开屏动态海报生成效果演示 / 145

5.2.3 信息流动态海报生成效果演示 / 148

5.2.4 竖屏动态海报生成效果演示 / 150

5.3 Pika 生成产品宣传片广告内容实例效果 / 153

5.3.1 电商广告宣传片生成效果演示 / 153

5.3.2 公益广告宣传片生成效果演示 / 155

5.3.3 科技广告宣传片生成效果演示 / 157

5.3.4 户外广告宣传片生成效果演示 / 159

5.3.5 横屏广告宣传片生成效果演示 / 161

Pika 对动漫领域的颠覆　第 6 章　06

6.1 Pika 在动漫领域的应用技巧 / 164

6.1.1 Pika 生成 3D 动漫 / 164

6.1.2 Pika 生成特效 / 166

6.1.3 Pika 融合经典角色短片 / 169

6.1.4 Pika 生成原创剧情动画短片 / 171

6.2 Pika 生成 3D 动漫实例效果 / 173

6.2.1 中国古风风格 3D 动漫生成效果演示 / 173

6.2.2 宫崎骏风格 3D 动漫生成效果演示 / 174

6.2.3 新海诚风格 3D 动漫生成效果演示 / 175

6.3 Pika 生成特效实例效果 / 177

6.3.1 水墨特效生成效果演示 / 177

6.3.2 光电特效生成效果演示 / 178

6.3.3 炫彩特效生成效果演示 / 179

6.3.4 烟花特效生成效果演示 / 180

6.4 Pika 融合经典角色短片实例效果 / 182

6.4.1 武侠经典场面还原短片生成效果演示 / 182

6.4.2 国内外经典角色融合对话短片生成效果演示 / 184

6.5 Pika 生成原创剧情动画短片实例效果 / 185

6.5.1 教育类原创动画短片生成效果演示 / 186

6.5.2 艺术类原创动画短片生成效果演示 / 188

6.5.3　环保类原创动画短片生成效果演示 / 191

07

第 7 章　Pika 对游戏领域的颠覆

7.1　Pika 在游戏领域的应用技巧 / 195

7.1.1　Pika 生成游戏动态开屏页面 / 195

7.1.2　Pika 生成游戏人物角色 / 197

7.1.3　Pika 生成游戏场景 / 199

7.1.4　Pika 建模动画精准控制 / 202

7.2　Pika 生成游戏动态开屏页面实例效果 / 204

7.2.1　加载光效生成效果演示 / 204

7.2.2　渐进式动态开屏页面生成效果演示 / 206

7.2.3　动态开屏海报生成效果演示 / 207

7.3　Pika 生成游戏人物角色实例效果 / 209

7.3.1　任天堂风格游戏人物角色生成效果演示 / 209

7.3.2　宝可梦风格游戏人物角色生成效果演示 / 211

7.3.3　积木风格游戏人物角色生成效果演示 / 213

7.4　Pika 生成游戏场景实例效果 / 214

7.4.1　中国风玄幻游戏场景生成效果演示 / 215

7.4.2　科幻游戏场景生成效果演示 / 216

7.4.3　机械世界游戏场景生成效果演示 / 218

7.5　Pika 建模动画精准控制实例效果 / 220

7.5.1　面部细节控制效果演示 / 220

7.5.2　肢体动作控制效果演示 / 222

08

第 8 章　Pika 对电影领域的颠覆

8.1　Pika 在电影领域的应用技巧 / 225

8.1.1　Pika 生成电影级画面　/　225

8.1.2　Pika 代替后期剪辑　/　227

8.2　Pika 综合应用生成电影短片实例效果　/　228

8.2.1　黑白电影短片生成效果演示　/　228

8.2.2　动作电影短片生成效果演示　/　230

8.2.3　末日电影短片生成效果演示　/　232

8.2.4　喜剧电影短片生成效果演示　/　234

8.2.5　机车电影短片生成效果演示　/　236

8.2.6　科幻电影短片生成效果演示　/　238

8.2.7　赛博朋克电影短片生成效果演示　/　239

8.2.8　惊悚电影短片生成效果演示　/　241

8.2.9　文艺电影短片生成效果演示　/　243

第1章

Pika开启人工智能新时代

大家是否曾经想过用简单的文本提示生成逼真流畅的视频呢？Pika 作为一款 AI 生成式视频工具，它将人工智能技术与视频创作完美结合，使人们的创意无限延伸，从而开启了人工智能视频制作的新时代。下面让我们一起走进 Pika 的神奇世界。

1.1 Pika 的发展历程

什么是 Pika？它是怎样诞生的？它的发展历程又如何呢？本节我们将对这些问题做详细讲述。

1.1.1 "AI 电影节" 大赛

Pika 的诞生与 "AI 电影节" 有着密不可分的关系。Runway ML 公司于 2022 年 12 月 7 日开创首届 AI 电影节，向广大创作者征集时长在 1~10 分钟、运用 AI 技术生成创作的电影。2023 年 1 月中旬，电影节评委根据参赛作品构图质量、叙事逻辑、原创内容以及人工智能技术的运用等标准来评估参赛作品，其中神经网络的运用程度是重要评选标准之一。于 2023 年 1 月底公布 10 部入围决赛的电影名单，并揭晓一万美元的奖金归属。首届由 Runway 主办的 AI 电影节大赛旨在嘉奖用 AI 制作出的精美影视作品及其创作者，以此鼓励广大视频创作者熟练使用科技手段和人工智能技术，开创影视领域作品创作新的可能性。

Pika 的联合创始人兼 CEO Demi Guo（郭文景）和她在斯坦福求学的几位同学在寒假期间运用生成式 AI 工具创作出了一部作品准备参赛，并且他们对获得奖金很有信心。然而，在电影制作领域他们并不专业，没有进行过相应的专业学习导致缺乏相关理论知识。即使有 Runway 的 AIGC 工具 Gen-2 辅助，但生成的视频效果并不是参赛作品里最好的。因此，郭文景的团队最终并没有拿到万元奖金。遗憾并不是原本就不行，而是差一点就可以。与大奖失之交臂让郭文景感到非常沮丧。

也正是这次遗憾才催生了 Pika。既然别人的视频生成工具用着不称心如意，那不如做一个更适合自己的。2023 年 4 月，郭文景和她的同学 Chenlin Meng 从斯坦福辍学，迅速着手于 Pika 的开发。他们期望创建一个更容易使用的 AI 视频生成工具。3 个月后，Pika 便推出了 Discord 服务器，它的使用方式与 Midjourney（简称 Mj）类似，用户只需在服务器的聊天框中输入文本或图像就可以生成短视频，还可以将自己的原创视频与社区中的其他创作者分享。在很短的时间内 Discord 上就聚集了上万名 Pika 1.0 的用户。现如今，Pika 的用户使用量在以非常快的速度持续增长，有着非常好的发展潜力。也正是此次 AI 电影节的经历促成了大神级 AI 视频生成工具 Pika 的诞生。

1.1.2　Pika 背后的团队

Pika 公司成立于 2023 年 4 月，其愿景使命是"让每个人都成为创意视频的导演和制作人"。目前，Pika 1.0 可以制作如 3D 动画、动漫和电影等各种类型的视频，还具备视频延长、素材局部内容修改、画布延展、视频比例改变等多种高级的编辑功能。同时在生成电影镜头方面，Pika 比 Gen-2 更具优势。Pika 可谓是 AI 视频创作领域的当红明星。

Pika 是一个由郭文景和 Chenlin Meng 共同创立的华人团队，如图 1-1 所示。Pika 的 CEO 郭文景是斯坦福大学计算机科学博士生，曾在哈佛大学攻读数学学士学位和计算机科学硕士学位，还是浙江首位被哈佛本科提前录取的学生。除了专业知识外，她还有着极其丰富的实习经历。她曾在 Quora、Google Brain、微软、腾讯和字节跳动等公司实习，也曾担任 Meta 的人工智能研究部门工程师。而另一位创始人 Chenlin Meng 在攻读计算机科学博士学位的三年期间撰写了 30 多篇论文。除了郭文景和 Chenlin Meng 是斯坦福大学的博士研究人员，拥有顶尖学术和科研经历外，团队的其他两位核心成员同样优秀。Karlin Chen 是团队的第三位创始人及创始工程师，他拥有 CMU（卡内基梅隆大学）的 ML&CV 硕士学位，本科期间便于人工智能公司商汤科技担任工程师；Matan Cohen-Grumi 是创意总监，同时也是一位电视广告导演，他在创意领域有着极其丰富的经验。团队成员深厚的专业学术背景和高涨的创业激情为 Pika 1.0 的诞生奠定了坚实基础。

图 1-1　郭文景（左）和 Chenlin Meng（右）

这家初创公司仅在短短几个月内便完成了三轮总值约 5500 万美元的融资。前两轮由来自 GitHub 的前 CEO Nat Friedman 领投，最近一轮价值 3500 万美元的 A 轮融资来自 Lightspeed Venture Partners。据相关报道称，Pika 目前的估值在 2 亿~3 亿美元之间。Pika 的投资人阵容强大，其中包括 OpenAI 的联合创始人 Andrey Karpathy、行业巨头 Nat Friedman，以及 Elad Gil（硅谷投资人）等众多人工智能领域的行业巨头。

投资者包括众多行业内人士都非常看好 Pika 的发展前景。知名投资人 Michael Mignano 曾称团队效率出众，对团队做出了极高的评价。GitHub 前 CEO Nat Friedman 称，他当天会议提出增加文本嵌入视频功能的建议，Pika 团队在凌晨 3 点就完成了相关模块的功能开发工作。

1.1.3　超级 AI 视频工具 Pika 1.0 的诞生

Pika 团队的视频创作工具 Pika 1.0 在 AI 电影节的推动和郭文景团队成员的共同努力下应运而生，于 2023 年 11 月 29 日发布。这款工具能够根据创作者要求自动生成和编辑 3D 动画、动漫、卡通和电影等，其官方发布的视频也因效果震撼人心而迅速受到各界的广泛关注，引发了投资界对 AI 视频创作领域的无限期待。Pika 1.0 具有众多亮点，如由华人团队打造、估值过亿、OpenAI 联创参投等。它一经推出便风靡全网，拥有数百万的社区用户，每周创建的新视频达数百万个。许多人称赞它是目前最好的视频生成工具之一。Pika 1.0 的创新之处在于采用全新的 AI 技术，只需文字描述即可生成逼真的视频作品。因其备受欢迎，Pika 公司正在租用大量 GPU 来运行和构建新版本模型，以提升视频的创作效果。

在官方的宣传视频中，输入"马斯克穿着太空服的 3D 动画"，一个穿着太空服，准备乘坐火箭升空的动画版马斯克便出现在大家眼前，人物形象、视频背景和起飞的火箭都十分逼真，只需要极其简单的操作便可以生成流畅的动画视频。

Pika 1.0 的视频生成质量和功能相较于之前的内测版都有了明显进步：操作更加简便快捷，能够使用最简单文本描述生成栩栩如生的原创视频；同时还提供了更多编辑功能，如延长视频时间、转换视频风格、扩展视频画布、调整画幅比例等；此外，在画面质量、图像修补功能、增添特效和编辑剪辑等方面也都拥有了较为明显的改进。

OpenAI 创始成员 Karpathy 对 Pika 赞赏有加，Pika 团队也一直致力于"激发每个人的创造力，让每个人都能成为自己故事的导演"。Pika 1.0 为 AI 视频创作领域带来了新的活力，突破了传统限制的同时为创作者提供了更多的可能性，让每个人都能够成为自己梦想的导演。

1.2　Pika 在数字创意领域的革命性突破

前面介绍了 Pika 的诞生、发展历程及其背后的强大团队。那么为什么 Pika 能够快速在众多同类竞品中脱颖而出呢？下面我们将为大家讲述 Pika 究竟有什么硬核实力。

1.2.1 Pika 的技术原理

Pika 是一款基于深度学习和生成式模型的视频生成式 AI 工具，它融合了扩散模型等新技术，能够将文本或图像自动转化为 3D 动画、动漫、卡通和电影等各种风格的视频，并提供强大的视频编辑功能。创作者可以根据自身需求进行自由创作，实现了个性化视频的创作。

Pika 的成功不仅推动了生成式视频制作的发展，更推动了整个人工智能技术的发展。Pika 通过人工智能大模型分析文本需求自动生成生动形象的视频，让创作者能够轻松制作和编辑属于自己的原创视频作品。这一技术的出现大大降低了视频制作的门槛，使更多有想法而没有技术的人不用具备极其专业的知识或技术便可参与到视频创作的领域中。创作者们只需要拥有足够的想象力便可参与到其中。与此同时，扩大创作群体并方便创作的同时提高了原创视频的效率和质量。Pika 强大的高级编辑功能够使创作者更自由地表达想法和创意，例如更改视频中人物的衣着、为"猩猩"添加墨镜或在画面中其他要素不变的情况下转换原视频风格等，如图 1-2 所示。

图 1-2　Pika 根据创意生成新视频图解

Pika 的出现开启了人工智能视频制作的新时代，缩小了创意与技术之间的鸿沟，让更多有想法的人参与到视频制作领域，这有助于推动视频创作相关领域的发展，也为未来人工智能技术的应用提供了更多可能。

Pika 宣传视频中栩栩如生的马斯克让人过目难忘。特别值得一提的是，用户不仅可以上传图片或视频进行深度再创作和风格转换，还能上传个人本地视频片段，利用 AI 技术重新编辑和构建场景。创作者也可以在多种风格模板里自由选择，这一功能无疑使 Pika 成为市场上最强大的 AI 视频工具之一。比如，可以重构场景生成在不同场景和风格中的骑马视频，如图 1-3 所示。

图 1-3　利用 Pika 重构骑马场景图

　　新模型支持更加精细的高级编辑功能，例如修改视频尺寸、调整宽高比（横纵比）、为角色换装、增减元素等，从而适应各种不同的播放环境。虽然这项技术已经在 AI 生图工具 Midjourney 上得到应用，但是 Pika 是第一个将其应用于视频制作的，如图 1-4 所示。

图 1-4　Pika 修改视频尺寸图解

　　类似于 Midjourney 的画面扩展功能，Pika 1.0 可以在指定区域更换人物的衣着和配饰。它的革命性创新改变了人们对视频制作的传统认知。用户可以上传自己的视频，即时更换画面中人物的服装，也可以为角色添加令人惊艳的特效。这进一步提高了视频作品创意表达的自由度。

Pika 在数字创意领域的突破，不仅提高了视频创作的质量和效率，也为人工智能技术在视频创作领域的发展提供了新的思路和方向，将会推动整个行业以其相关行业的发展。Pika 还将推出全新的 Web 页面用于视频创作，访问其官网即可申请加入，如图 1-5 所示。

图 1-5　Pika 官网等待页面

与在 Discord 上创作的前代产品相比，Pika 1.0 实现了跨时代的飞跃。当前，Pika 1.0 除了可以根据创作者不同的文本内容生成 3D 动画、动漫、电影等各类视频外，还支持画幅比例调整、局部元素更改、视频延长等高级编辑功能。同时 Pika 在生成电影镜头方面更具独特优势。Pika 不仅在视频生成的质量上胜过其他工具，而且未来应用场景十分广泛，涵盖数字营销、教育培训、娱乐休闲等各个领域，能够满足不同行业和用户的需求与期待，助力跨平台应用，实现数字创意在视频创作领域的发展。

1.2.2　Pika 的文本理解能力

Pika 是一款多模态 AI 视频生成工具，它采用了全新的 AI 技术，仅需文字描述就能生成栩栩如生的视频作品。在文本处理方面，Pika 表现出极强的语义理解能力，能够根据不同的文字描述内容精准生成符合要求的角色，或根据参考图像生成绝美的视频等功能。Pika 1.0 不仅可以实现各类视频风格的转换，还能根据输入的文本指令直接完成内容编辑、画幅更改等操作，真正实现了人工智能创作视频的时代。Pika 将人们的想法直接转化为视频的表现形式，这些功能均很好地展现出了 Pika 极强的文本理解能力。

Pika 的文本理解能力与自然语言处理中的生成式对抗网络（GAN）有关。生成式对抗网络（GAN）是一种基于深度学习的无监督学习方法，其核心思想是通过训练两个神经网络（生成器和判别器），使生成器能够生成与真实数据相似的数据，而判别器能够区分生成的数据和真实数据。GAN 在众多领域都有应用，如图像生成、图像修复、图像超分辨率、语音合成、自然语言生成等多个方面。Pika 将文本输入作为生成器网络的输入，通过训练生成器，使其生成给定文

本描述所要求的视频内容。在生成器的训练过程中，会运用到生成式对抗网络的理念和技术，通过与判别器的对抗训练，从而提升生成器生成视频的质量和多样性。

此外，Pika 在视频编辑与修改、风格切换、画布宽高比调整等技术中，会运用生成式对抗网络的思想和技术。例如，在视频编辑和修改中，Pika 1.0 会将视频输入作为训练生成器网络的素材，使生成器能够根据给定的编辑指令生成符合要求的视频内容；在视频风格切换中，Pika 1.0 会以视频输入为基础，训练一个生成器网络，让其根据给定的风格指令生成相应风格的视频内容；在视频宽高比调整中，Pika 1.0 会把视频作为输入，通过训练生成器网络，提高生成视频的质量和多样性，生成符合宽高比指令的视频内容。

Pika 官方的演示视频表明，只需输入一段文字，提出主要人物角色、特定场景、所选风格等要求，一幅相关的画面便出现在您的眼前。图 1-6 所示的马斯克仿真动画中，Pika 确保人物的脸部特征不变形，人物背后是已经成功发射的火箭，人物外形、动作、背景等元素凸显出高度一致性并且都显得非常逼真。Pika 发挥其高超的文本理解能力和多样化的应用，从而根据创作者精确的提示词要求创作增减元素或替换风格，为创作提供了极大的灵活性，必然会催生更多有创意且高质量的原创视频作品。

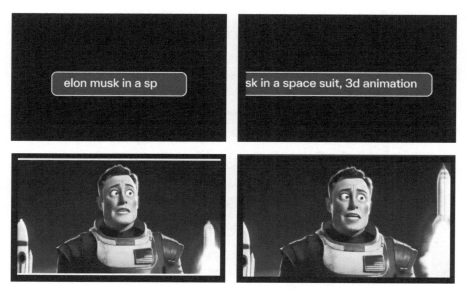

图 1-6　Pika 根据文本生成新视频图解

1.2.3　Pika 的超强可控性

与 Runway 相比，Pika 在可控性方面表现更加出色。Pika 1.0 的强大可控性体现在它可以根据用户输入的特定指令或参数，自动生成满足创作者要求的各种视频内容，并根据创作者的个性化需求生成原创 3D 动画、动漫、卡通、电影等各种风格的视频，还可以通过在编辑区域输入精确提示词，自由增减或更改视频中的各种元素，对所生成的原创视频进行二次创作，生成新的视频以满足个性化创作。这种超强可控性是 Pika 的一个重要特征。Pika 的超强可控性主要体现在以下几个方面。

- 视频内容生成的可控性：Pika 可以根据创作者输入的文本、图像、视频等信息，生成符合要求的原创视频内容。创作者也可以通过输入特定的指令或参数，以此来控制生成视频的类型、风格、内容，以及调整视频所处的环境背景等，以满足不同创作者的需求。

- 视频编辑和修改的可控性：Pika 有编辑和修改的功能，可以对视频进行二次创作，比如更改视频人物的衣着、为视频中的"猩猩"戴上墨镜、转换视频的背景风格等。创作者可以通过输入指令或参数，控制和修改视频的内容。

- 视频风格切换的可控性：Pika 能够实现视频风格的随意切换，这基于视频风格迁移技术的原理，通过对不同风格的视频进行分析和学习，搜集更多的模式用于创作者需求及时完成视频风格的切换。用户可以通过输入指令或参数，控制切换并更改视频的风格，从而展现出强大的可控性。

- 视频宽高比的调整：Pika 可以调整视频的宽高比，这是基于视频处理技术的原理，创作者可以根据实际创作需求，通过输入指令或参数，控制和更改视频的宽高比及展现方式，实现视频的美化。

第2章

Pika基础使用指南

本章我们将为创作者全面展现 Pika 相关的操作，将从注册登录到视频创作再到高级编辑，逐一演示详细的操作步骤。相信您一定可以从详细的基础使用指南中获益。

2.1 Pika 的注册与登录

下面为大家讲述如何创作好的视频，这一切的前提是从注册账号及登录 Pika 开始，请跟随我们一起走进 Pika 的神奇世界吧。

2.1.1 Pika 官网

想要注册和登录账号，必须先要打开 Pika 的官网。本节我们将从进入 Pika 的官网开始讲起，打开 Pika 官网的具体操作步骤如下。

01 在网页打开 Pika 官网：输入网址 https://pika. art/并单击搜索一下，或直接按下回车（〈Enter〉）键便可打开 Pika 官网，如图 2-1 所示。

02 Pika 在使用时需要连接相应的网络，如果出现无法打开网页的情况，如图 2-2 所示，此时则需要检查是否正确配置了当前网络。

图 2-1　Pika 官网界面　　　　　　　　　　图 2-2　网络无连接

2.1.2 注册并登录 Pika 账号

在打开 Pika 官网之后，下面我们将进行注册及登录 Pika 账号的详细演示，注册和登录 Pika 账号的具体操作步骤如下。

01 注册 Discord 账号进行登录：首先在网页输入 https://discord.com/，单击搜索一下或直接按回车键打开 Discord 的官网，此时用户可以选择下载 Discord 软件，也可以选择在浏览器中直接打开 Discord。下载完成或直接打开后按提示步骤注册账号即可，与常见软件注册步骤基本一致，如图 2-3 所示。

图 2-3　Discord 官网界面

02 在网页打开 Pika 官网：输入 https://pika.art/。打开官网后在下方找到并单击 Discord 选项，即可在 Discord 平台上使用 Pika 的基础功能，如图 2-4 所示。

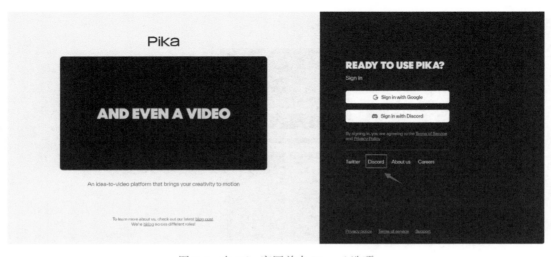

图 2-4　在 Pika 官网单击 Discord 选项

03 单击 Discord 选项后，会弹出接受邀请的提示，如图 2-5 所示。

图 2-5　提示邀请界面

04 单击"接受邀请"按钮会显示接受邀请中，等待后即可进入 Discord，如图 2-6 所示。

图 2-6　进入 Discord

05 在使用前，我们必须先同意 Pika 的使用条款，并阅读其规则，按步骤同意即可进入 Pika 的服务器，如图 2-7 所示。

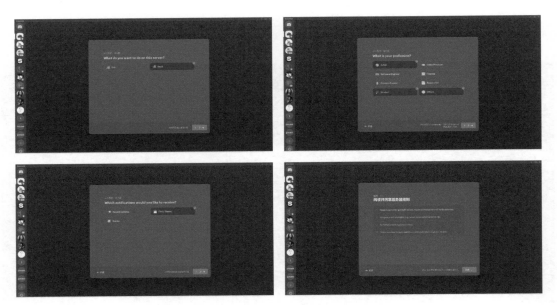

图 2-7　进入 Pika 服务器步骤图解

2.1.3　Pika 频道列表

　　成功登录后进入 Pika 的服务器，可以看到服务器内有很多频道，每个频道都对应不同的使用场景，创作者可以根据自己的需求去查看以及学习。进入 Pika 后选择不同频道的具体操作步骤如下。

　　01 Pika 频道总列表如图 2-8 所示。

图 2-8　Pika 频道总列表

02 getting-started 频道用于展示如何使用 Pika 制作短视频的相关方法和技巧，如图 2-9 所示。

图 2-9　getting-started 频道界面

03 announcements 频道用于展示关于 Pika 实验室和 Pika 机器人的最新消息和信息，如图 2-10 所示。

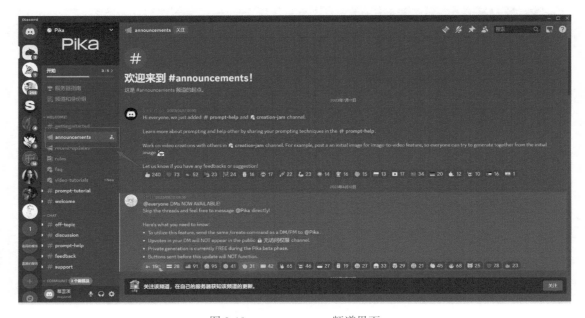

图 2-10　announcements 频道界面

04 recent-updates 频道用于展示最近的更新信息和 Pika 机器人的新功能集合，如图 2-11 所示。

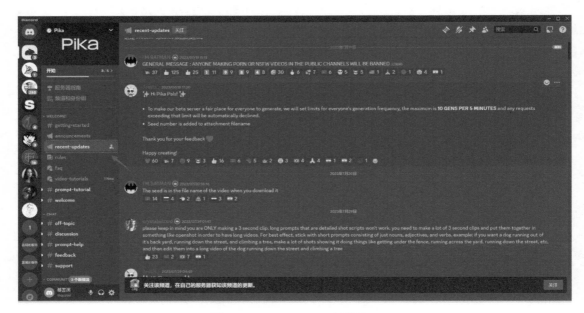

图 2-11　recent-updates 频道界面

05 rules 频道用于展示 Pika 服务器的规则，如图 2-12 所示。

图 2-12　rules 频道界面

06 faq 频道用于展示常见问题解答，如图 2-13 所示。

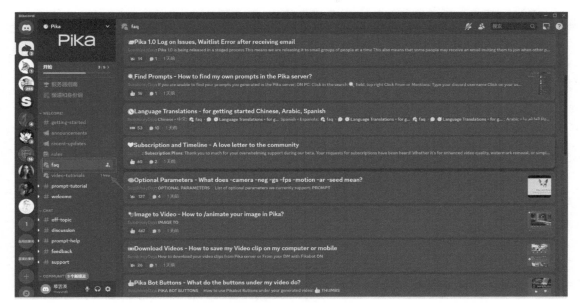

图 2-13　faq 频道界面

07 prompt-tutorial 频道用于展示使用 Pika 每日更新的提示和技巧，以及来自团队和成员的最佳建议，如图 2-14 所示。

图 2-14　prompt-tutorial 频道界面

08 off-topic 频道用于展示杂谈等其他话题，如图 2-15 所示。

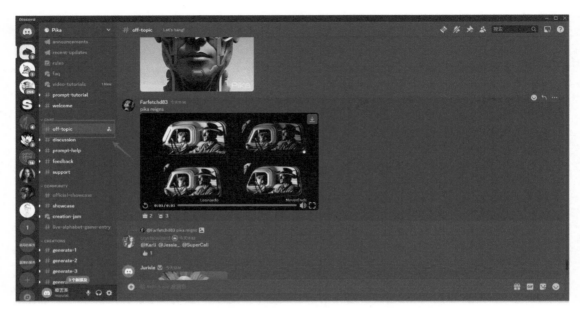

图 2-15　off-topic 频道界面

09 discussion 频道用于讨论 Pika 机器人并与其他 Pika 粉丝交流，如图 2-16 所示。

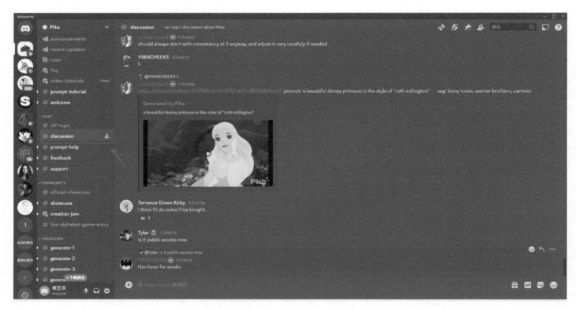

图 2-16　discussion 频道界面

10 prompt-help 频道用于获取制作视频和如何使用功能的帮助，如图 2-17 所示。

图 2-17　prompt-help 频道界面

11 feedback 频道用于获取反馈或建议（例如：功能请求），请在置顶消息中使用表格，如图 2-18 所示。

图 2-18　feedback 频道界面

12 support 频道用于展示用户遇到的问题或错误，如图 2-19 所示。

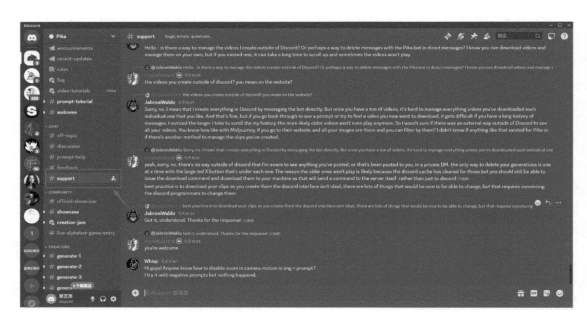

图 2-19　support 频道界面

13 offical-showcase 频道用于展示 Pika 实验室团队策划的相关案例，如图 2-20 所示。

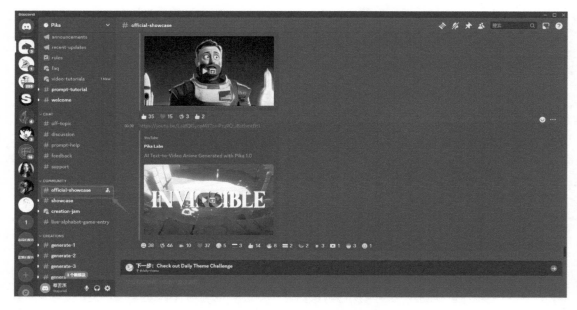

图 2-20　offical-showcase 频道界面

14 showcase 频道用于分享个人的创作，包括与他人合作或社交媒体提及的作品，如图 2-21 所示。

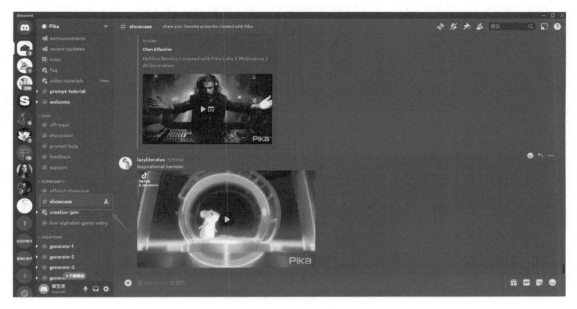

图 2-21　showcase 频道界面

15 creation-jam 频道用于创建自己的主题 Jam，可以与朋友分享或合作，如图 2-22 所示。

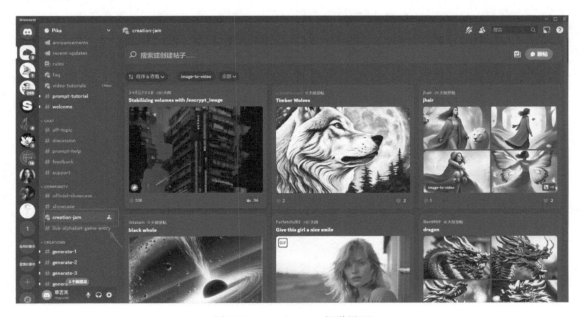

图 2-22　creation-jam 频道界面

16 daily-theme 频道用于查看每日主题比赛，并查看如何参加比赛的置顶消息，如图 2-23 所示。

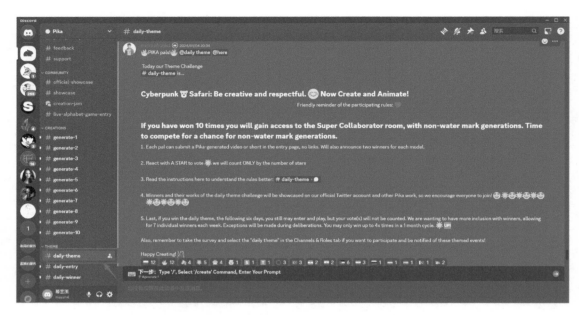

图 2-23　daily-theme 频道界面

17 generate 频道为公共创作频道，我们只可以在该频道制作视频，如图 2-24 所示。

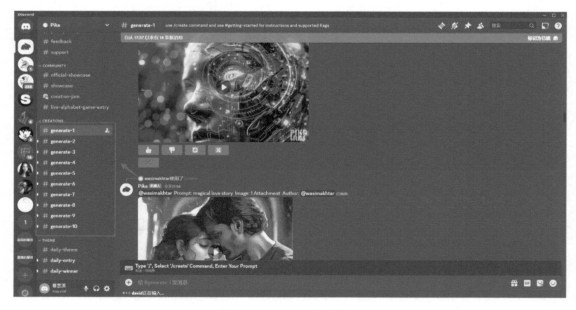

图 2-24　generate 频道界面

2.1.4　Pika 私密创作

在公共频道创作生成视频后查找起来会比较麻烦，因为有大量其他人的作品同时存在于频道中，如果想不被其他人打扰，需要进行私密创作，运用 Pika 进行私密创作的具体操作步骤如下。

01 首先需要打开公共创作频道，如图 2-25 所示。

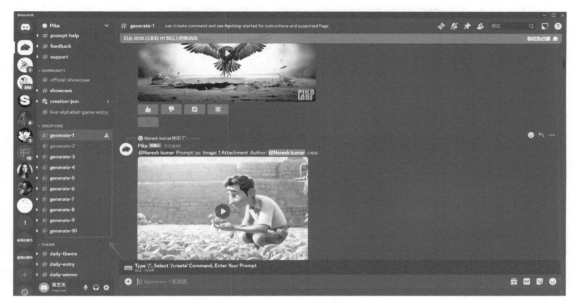

图 2-25　公共创作频道界面

02 右击"Pika 机器人"，如图 2-26 所示。

图 2-26　右击"Pika 机器人"

03 在弹出的快捷菜单中选择"消息"命令，如图 2-27 所示。

图 2-27　选择"消息"命令

04 随即打开与 Pika 机器人的直接消息界面，如图 2-28 所示。

图 2-28　当前对话框界面

05 也可以单击左上角的私信图标，在私信列表中找到"Pika"，如图 2-29 所示。

06 在与 Pika 的私信中，即可开始创作视频，如图 2-30 所示。

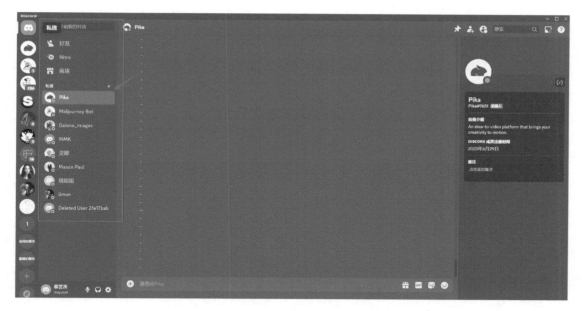

图 2-29　私信列表

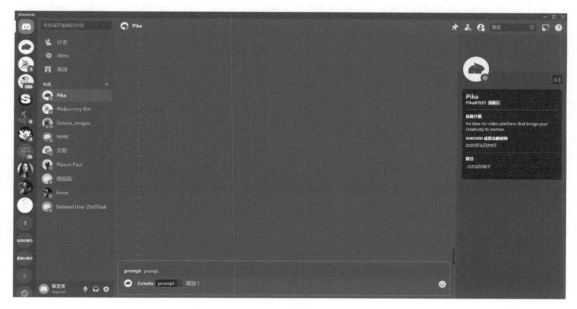

图 2-30　Pika 私信界面

2.2　Pika 的基础生成功能

　　创作者可以通过 Pika 的基础生成功能自由地创造出各种风格的视频，下面我们将为大家讲述如何使用 Pika 创作满意的视频。

2.2.1 文本生成视频

首先我们要为大家讲述的是如何使用文本描述生成生动逼真的视频。运用 Pika 进行文本生成视频的具体操作步骤如下。

01 在对话框中输入"/create"指令，如图 2-31 所示。

图 2-31 输入"/create"指令

02 单击弹出的 prompt 系统，如图 2-32 所示。

03 在 prompt 的关键词输入框中输入关键词，即英文的描述词，以"一个白头发的女人，周围有花和蝴蝶"为例，关键词为"A woman with white hair surrounded by flowers and butterflies"，如图 2-33 所示。

04 按下回车（〈Enter〉）键发送 prompt，即可开始等待生成，如图 2-34 所示。

05 稍等片刻，即可得到想要的视频，如图 2-35 所示。

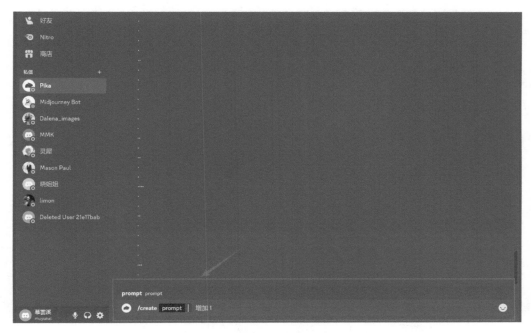

图 2-32　单击 prompt 系统界面

图 2-33　输入英文描述词示例

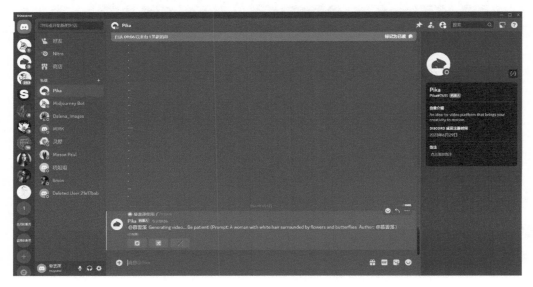

图 2-34　等待生成界面

图 2-35　生成的视频界面

2.2.2　参考图生成视频

在这一小节里将教会大家如何用参考图生成视频，使视频更具美感。运用 Pika 进行参考图生成视频的具体操作步骤如下。

01 在输入框输入"/animate"指令，如图 2-36 所示。

图 2-36　输入"/animate"指令界面

02 单击"/animate"选项即可弹出图像输入框，如图 2-37 所示。

图 2-37　单击"/animate"选项界面

03 在输入框中上传图像，如图 2-38 所示。

图 2-38　上传图像界面

04 按下回车键发送指令等待生成，如图 2-39 所示。

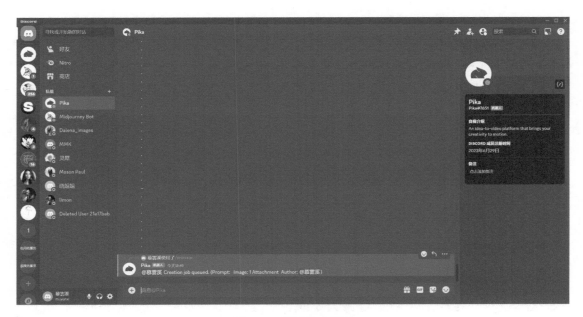

图 2-39　等待生成界面

05 得到仅由参考图生成的视频，如图 2-40 所示。

图 2-40　生成的视频界面

2.2.3　参考图结合文字生成视频

本小节将为大家讲述如何使用参考图结合文字生成视频，使视频更加栩栩如生。运用 Pika 进行参考图结合文字生成视频的具体操作步骤如下。

01 在 Pika 中输入文字描述词后，单击输入框后面的"增加 1"选项，如图 2-41 所示。

图 2-41　单击"增加 1"选项后界面图

02 此时即可弹出添加参考图的界面，如图 2-42 所示。

图 2-42　添加参考图界面

03 单击"image"指令, 如图 2-43 所示。

图 2-43 单击"image"指令后界面

04 在弹出的图像输入框中上传图像, 如图 2-44 所示。

图 2-44 上传图像界面

05 按下回车键即可开始等待生成, 如图 2-45 所示。

图 2-45 等待生成界面

改变视频的 AI 技术：Pika 的无限创意

06 此时将得到由参考图进行扩散并结合描述文本生成创作的视频，可以更加符合创作的需求，如图 2-46 所示。

图 2-46　生成创作视频界面

07 图像与文字结合的第二种技巧是在 "/animate" 图像指令的基础上，单击 "增加 1" 选项添加 "prompt" 文字指令，如图 2-47 所示。

图 2-47　添加 "prompt" 文字指令界面

08 在"prompt"文字指令中描述上传图像的主题和背景，以及想要的特定动作，如图 2-48 所示。

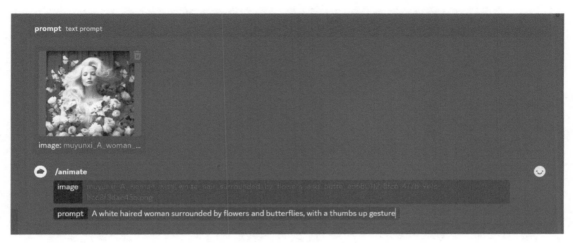

图 2-48　添加描述界面

2.2.4　反馈与修改

对于生成的视频，我们应该如何反馈和修改呢？下面将为大家一一讲述。用 Pika 对生成视频进行反馈与修改的具体操作步骤如下。

01 在生成的视频下方可以进行反馈，如图 2-49 所示。

图 2-49　反馈界面

02 如果认为生成的效果不错可以进行点赞（即单击竖大拇指按钮）。

03 再次单击大拇指按钮即可取消赞，如图 2-50 所示。

图 2-50 点赞或取消点赞

04 如果对生成结果不满意，也可以点踩（即单击倒竖大拇指按钮）进行反馈，并单击重新生成按钮，如图 2-51 所示。

图 2-51 反馈或重新生成视频界面

05 此时可以立即让 Pika 使用相同的关键词和参数制作另一个视频，并且可以尝试多次生成，直到得到满意的内容，如图 2-52 所示。

06 在所生成视频下方的第四个按钮是重新混合按钮，如图 2-53 所示。

图 2-52　重新生成视频界面

图 2-53　重新混合按钮

07 单击该按钮即可打开一个编辑提示框,以便更改、修复错误,并尝试生成其他内容。需要注意的是避免使用为这个图像添加"自然移动""使其移动"等通常无效的通用描述词。以增加关键词元素为例,如增加红色的花,关键词为"red flowers",如图 2-54 所示。

08 单击"提交"按钮,如图 2-55 所示。

图 2-54　增加关键词"red flowers"界面

图 2-55　单击"提交"按钮

09 等待生成界面，如图 2-56 所示。

图 2-56 等待生成界面

10 在重新生成的视频画面中发现多了新增加的元素，即红色的花，如图 2-57 所示。

图 2-57 生成新视频界面

2.2.5 基础控制参数

1. Pika 基础控制参数

Pika 目前支持的基础控制参数如下。

1）每秒帧数参数：调整每秒帧数，数值越高，画面越流畅，指令为 -fps ##。

2）动作参数：调整动作的强度，指令为 -motion #。

3）指导比例参数：调整指导比例，数值越高，与文本关联度越高，指令为 -gs ##。

4）负面提示参数：提示不需要的词，也就是不希望在视频中出现的内容，指令为 -neg xxx。

5）宽高比参数：调整视频的宽高比例，指令为 -ar #:#。

6）种子参数：更一致的生成，目前固定种子数值只在提示和负面提示都未改变时保持一致性，指令为 -seed ###（种子数值可以在视频保存后的文件名末尾找到）。

7）摄像机参数：指导视频片段中的摄像机移动，指令为 -camera ##。其中 ## 的具体指令如下：

pan right（镜头右平移），pan left（镜头左平移），pan up（镜头上平移），pan down（镜头

下平移），left up（镜头左上平移），right up（镜头右上平移），right down（镜头右下平移），left down（镜头左下平移），zoom out（镜头缩小，即拉镜头），zoom in（镜头放大，即推镜头），CCW（镜头顺时针旋转），ACW（镜头逆时针旋转）

2. 设置基础控制参数

设置 Pika 基础控制参数的具体操作步骤如下。

01 首先生成一个没有任何参数指令的视频，以"一个在下着暴风雨的海上的船"为例，关键词为：A ship at sea，in a storm，如图 2-58 所示。

图 2-58　无参数指令视频图

02 单击"重新混合"按钮，如图 2-59 所示。

图 2-59　单击"重新混合"按钮

03 以在关键词中增加视频 9：16 比例的参数为例，参数词为-ar 9：16，如图 2-60 所示。

04 单击"提交"按钮，如图 2-61 所示。

图 2-60　添加比例参数界面　　　　　　　　图 2-61　提交按钮图示

05 此时可以发现生成的视频比例变成了重新设置的 9：16，如图 2-62 所示。

图 2-62　生成新视频界面

2.3　Pika 的保存与删除

　　当我们制作好视频之后应该如何保存下来呢？如果不喜欢又该如何删除呢，本节将针对这两个问题做详细指导。

2.3.1　保存已生成视频

在 Pika 生成视频后，保存生成视频的具体操作步骤如下。

01 光标移动到已生成的视频上，在视频右上角即可出现"下载"。

02 单击"下载"按钮，即可保存视频到本地，如图 2-63 所示。

图 2-63　单击"下载"按钮

2.3.2　删除已生成视频

如果不喜欢生成的视频，我们可以删除该视频，具体操作步骤如下。

01 在视频下方的按钮中找到红色的错误符号按钮并单击，如图 2-64 所示。

图 2-64　删除视频

02 单击后会跳出确认的提示框，如图 2-65 所示。

03 在输入框内输入大写英文单词的 YES，单击"提交"按钮，即可删除该视频，Pika 则不再保存此视频，且该操作无法撤销，视频无法恢复，如图 2-66 图示。

图 2-65　待确认的提示界面

图 2-66　提交指令

2.4 加密图像融合功能

Pika 的 encrypt（加密）功能是一个强大且有趣的功能，它可以将想要的文字或图案非常自然地嵌入到视频内容当中，这大大提高了 Pika 使用者的创作和设计能力。

2.4.1 文本融合视频

如何更好地使用文本融合视频呢？本节我们将为大家详细讲述。用 Pika 进行文本融合视频的具体操作步骤如下。

01 在输入框中输入/encrypt，会跳出两个选项，其中的/encrypt_text 指令就是文本融入到视频中，如图 2-67 所示。

图 2-67　输入/encrypt

02 单击/encrypt_text 指令后可以看到两个输入框，如图 2-68 所示。

03 在 message 输入框中输入希望在视频中看到的文本，以 PIKAFANS 为例，如图 2-69 所示。

图 2-68　单击/encrypt_text 指令

图 2-69　输入 PIKAFANS

04 在 prompt 输入框中描述希望得到的场景和动画，以在桌子上的彩色油画为例，关键词为 Colorful oil paintings on the table，如图 2-70 所示。

图 2-70　在 prompt 输入框输入描述词

05 按下回车键发送，即可生成融入了 PIKAFANS 文字的在桌子上的彩色油画，如图 2-71 所示。

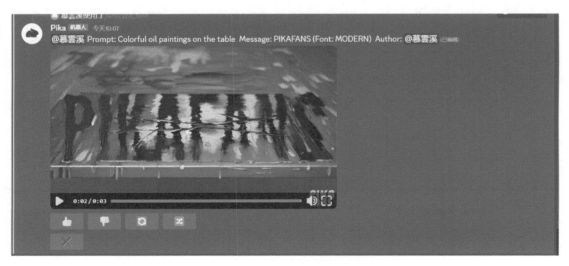

图 2-71　生成油画

改变视频的 AI 技术：Pika 的无限创意

06 除此之外，该功能还有两个附加选项，在输入关键词后单击"增加2"选项，如图 2-72 所示。

图 2-72　单击"增加2"选项

07 此时会跳出 font 和 image 两个选项，如图 2-73 所示。

图 2-73　font 和 image 两个选项

08 选择 font 选项，会跳出 5 种不同风格的字体，默认为 MODERN 字体，如图 2-74 所示。

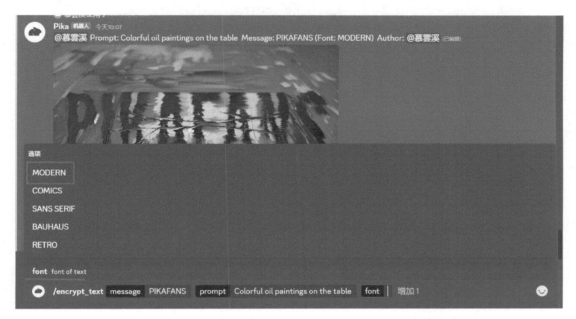

图 2-74　选择 font 选项后界面

09 以 COMICS 风格字体为例，重新生成的效果如图 2-75 所示。

图 2-75　重新生成界面

10 选择 image 选项，可以上传参考图，上传的图片将会作为背景的参考图像，如图 2-76 所示。

图 2-76　选择 image 选项后界面

11 在参考图输入框中上传相应图片即可，如图 2-77 所示。

图 2-77　上传界面

12 按下回车键即可生成，可以发现文字的效果并不明显，如果不喜欢这种加密效果，在后面的学习中将会学到加密图像的权重控制和更多实用技巧来解决这个问题，如图 2-78 所示。

图 2-78　最终生成界面

2.4.2　图案融合视频

我们学会了文本融合视频，那么又该怎样将图案融合视频呢？下面将会为大家演示。用 Pika 进行图案融合视频的具体操作步骤如下。

01 在输入框中输入/encrypt，会跳出两个选项，其中的/encrypt_image 指令就是图案融入到视频中，如图 2-79 所示。

图 2-79　输入／encrypt 界面

02 单击/encrypt_image 指令后可以看到一个图像上传框和一个文字输入框，如图 2-80 所示。

图 2-80　单击／encrypt_image 指令

03 在图像上传框中上传需要融合的图像，如图 2-81 所示。

04 在 prompt 输入框中描述需要的场景和动画，以涂满油漆的墙为例，使用 A wall covered in paint 关键词，如图 2-82 所示。

05 按下回车键即可生成融合了所给图案的涂满油漆的墙视频，如图 2-83 所示。

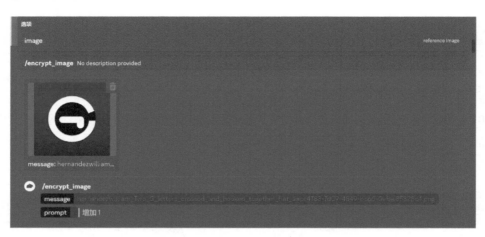

图 2-81　上传界面

图 2-82　输入关键词界面

图 2-83　生成视频

06 /encrypt_image 功能同样可以上传参考图，单击"增加 1"选项即可出现上传参考图的 image 选项，比如上传一张蓝色星空图片，因为图片不需要字体，所以不存在 font 选项，如图 2-84 所示。

图 2-84　单击"增加 1"选项

2.4.3　加密图像权重控制

加密图像权重控制也是一项很实用的功能，创作者应该如何具体操作呢？下面我们将为大家做具体演示。

加密图像权重控制的参数指令为-w #，其中的#代表加密图像的权重因子，数值越高，信息在视频中越明显，可选范围是 0~2，默认值为 1。控制加密图像权重的具体操作步骤如下。

01 我们以新鲜水果、飞溅的水、绿色背景、超亮为例，关键词为 fresh fruits with splash，green background，ultra lighting，加密文字为 FRESH 并且添加参考图，参考图效果如图 2-85 所示。

图 2-85　新鲜水果参考图

02 在 prompt 指令中不设置权重参数指令，直接生成，如图 2-86 所示。

图 2-86　无参数指令生成图

03 在不设置权重参数指令的情况下，生成效果如图 2-87 所示。

图 2-87　无参数视频

04 在 prompt 指令中设置权重参数为 2，如图 2-88 所示。

图 2-88　设置权重参数

05 权重参数为 2 时，可以发现权重大的文字更清晰可见，生成效果如图 2-89 所示。

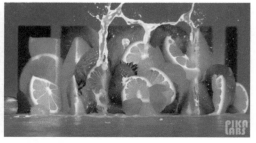

图 2-89　生成效果

2.4.4　加密图像尺寸设置

设置加密图像尺寸在创作者创作视频中同样非常重要，创作者应该如何具体操作呢？用 Pika 进行加密图像尺寸设置的具体操作步骤如下。

加密图像尺寸控制的参数指令为-size ##，其中##代表加密图像的文本尺寸，之后的可选范围是 50~100，默认值为 100。同样以新鲜水果，飞溅的水，绿色背景，超亮为例，关键词为 fresh fruits with splash，green background，ultra lighting。

01 加密文字为 FRESH，权重为 2 并且添加参考图，尺寸设置为 60，进行生成，如图 2-90 所示。

图 2-90　设置界面

02 生成新鲜水果、飞溅的水、绿色背景及超亮效果的视频如图 2-91 所示。

图 2-91　生成效果

03 将尺寸设置为 100，进行生成，如图 2-92 所示。

图 2-92　设置尺寸

04 在视频生成图中，我们可以发现尺寸大的文字更占用画面空间，效果如图 2-93 所示。

图 2-93　新生成视频效果

2.4.5　加密图像使用技巧

加密图像使用技巧非常实用，本节我们将为大家讲述使用图像加密时的部分注意事项和使用技巧，用 Pika 对图像进行加密的具体使用技巧如下。

1）使用 encrypt 时，message 和 prompt 是必填项，不能只选择 message 和图片，也不能只选择 prompt 和字体，否则 Pika 会提示错误，如图 2-94 所示。

2）尽量选择高密度或可塑性强的图像，例如：水、云、建筑群、颜料、树木等，这些都非常容易将文本 encrypt 到视频中。

3）当使用单一元素图像去生成结果时，会发现非常困难，但如果将数量放大，会更容易达

到想要的效果。

图 2-94 错误示范

4）当使用/encrypt_image 时，尽可能确保图案颜色单一且对比明显，这有利于 Pika 识别它的形状。

5）在使用 encrypt 时，prompt 权重稍大于图片参考，正常情况下，需要不断完善 prompt，以至于达到更好的效果。但如果想要生成结果更接近于参考图，需要尽可能地缩减 prompt 并降低权重。

第3章

Pika高级使用指南

在详细了解过 Pika 的发展历程、基础使用方法和技巧后，相信大家对于 Pika 及其使用已经有了进一步的了解。但这些是远远不够的，我们应该去探索更多关于 Pika 的奥秘，本章就让我们一起解锁 Pika 的高级使用指南吧。

3.1　解锁 Pika 高级系统

Pika 到底有哪些高级应用呢？除了简单地创作和编辑视频，还可以进行哪些高级设置呢？本节我们将详细为大家讲述 Pika 的高级系统。

3.1.1　关于 Pika 高级系统的公告

想要了解 Pika 的高级系统，可以先从官方公告入手，那么我们应该如何查找呢？查看 Pika 高级系统公告的具体操作步骤如下。

我们可以先进入 Pika 官网 https://pika.art/，中间是登录方式，单击最下方的"About us"按钮即可打开 Pika 公告，在这里您可以了解到官方发布的详细信息，如图 3-1 所示。

图 3-1　Pika 官网界面及公告

3.1.2　在官网解锁 Pika 高级系统

在全面开放 Pika 的高级版本之前，其官网上会显示等待候补名单，如图 3-2 所示。我们可以在 Discord 中使用 Pika 初级版本，在 Discord 中使用初级版本的方法已经在上一章进行了教学。等 Pika 的高级版本全面开放后，用户仍然可以在 Discord 中使用 Pika。在 Discord 中使用 Pika 可以更方便地与 Discord 内的其他工具进行切换使用，如果我们想要更专业地进行高级视频创作，就需要使用 Pika 的高级系统，下面将为大家做详细展示，后续章节的效果也将全部使用 Pika 最新的高级系统进行制作示范，在 Pika 官网解锁其高级系统的具体操作步骤如下。

01 进入 Pika 的官网，直接单击"使用 Discord 登录"或"使用 Google 账号登录"按钮，如图 3-2 所示。

图 3-2　等待候补名单及登录界面

02 以"使用 Discord 登录"为例，单击该按钮后会出现授权界面，单击"授权"按钮即可成功登录界面，如图 3-3 所示。

图 3-3　授权及成功登录界面

3.2　Pika 的基本控制面板

如何在 Pika 高级系统的控制面板中改变画幅大小和改变画面帧数呢？在本节我们将为大家做详细讲解。

3.2.1 改变画幅大小

在这里我们将会为大家详细讲述如何改变画幅的大小，运用 Pika 改变画幅大小的具体操作步骤如下。

01 在主界面下方找到基本控制面板 Video options 的图标，如图 3-4 所示。

图 3-4　控制面板及画幅比例图

02 单击该图标即可打开基本控制面板，改变所需要的画幅大小是 Aspect ratio 模块，一共有 6 种，涵盖了社交媒体大部分的画幅比例需求。

03 16∶9 的比例更适合横屏内容的生成，若需 16∶9 的画幅比例，在弹出的快捷菜单中选择 16∶9 命令，单击鼠标左键即可，其他尺寸设置方法相同，如图 3-5 所示。

图 3-5　不同视频比例尺寸图

3.2.2　改变画面帧数

在高级系统里还可以在控制面板中改变画面帧数，运用 Pika 改变画面帧数的具体操作步骤如下。

在控制面板中改变画面帧数是 Frames per second 模块，一共有 8～24 帧，通过滑动参数线条调整，可以满足慢动作或流畅画面的生成，默认帧数为 24（最快的画面帧数），8 帧为最慢的画面帧数，其他帧数设置方法相同，如图 3-6 所示。

图 3-6　不同画面帧数界面

3.3　Pika 的相机运动面板

在 Pika 高级应用的相机运动面板中，可以进行平移运动、旋转运动、推拉镜头、运动幅度控制等操作，本节将会为大家详细讲述。

3.3.1　平移运动

在 Pika 的高级应用里对视频进行平移运动的具体操作步骤如下。

01 在主界面下方找到相机运动面板 Motion control，它是一个摄像机的图标，如图 3-7 所示。

图 3-7　相机运动面板界面

02 单击该图标即可打开相机运动面板，平移运动在 Camera control 模块，该模块的作用是使镜头向上下左右平移、逆时针/顺时针旋转、镜头拉近/拉远，相机运动可以叠加，但要确保合理性。

03 在 Pan 的一列，箭头向左的图标就代表镜头向左平移，箭头向右的图标就代表镜头向右平移；在 Tilt 的一列，可以设置，镜头向上平移或镜头向下平移，如图 3-18 所示。

图 3-8　镜头平移界面

3.3.2　旋转运动

在 Pika 的高级应用里对视频进行旋转运动的具体操作步骤如下。

01 设置旋转运动需在 Camera control 模块找到 Rotate 的一列，如图 3-9 所示。

02 设置镜头逆时针旋转和顺时针旋转，如图 3-10 所示。

图 3-9　镜头旋转运动界面

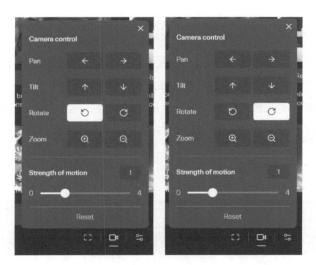

图 3-10　镜头逆时针和顺时针旋转运动设置

3.3.3　推拉镜头

在 Pika 的高级应用里对视频进行推拉运动的具体操作步骤如下。

01 在 Camera control 模块找到 Zoom 的一列，找到放大镜中间的加号图标，该图标代表推镜头，也就是镜头拉近。

02 在 Zoom 的一列找到放大镜中间的减号图标，该图标代表拉镜头，也就是镜头拉远，如图 3-11 所示。

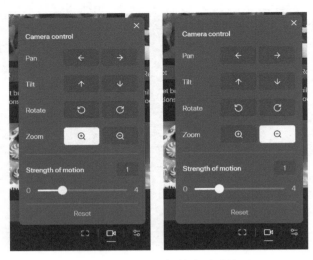

图 3-11　推镜头和拉镜头展示界面

3.3.4　运动幅度控制

在 Pika 的高级应用里，创作者还可以控制运动幅度。这个操作在 Strength of motion 模块里，在 Pika 的高级应用里对视频运动幅度进行控制的具体操作步骤如下。

创作者可以在相机运动面板找到 Strength of motion 模块，这个模块的作用是控制画面运动幅度的强弱，用来调节画面中人物或物体运动的快慢，一共有 0~4 共计 5 个级别，默认为 1，如图 3-12 所示。

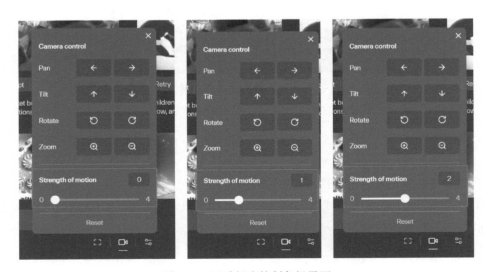

图 3-12　运动幅度控制各级界面

图 3-12　运动幅度控制各级界面（续）

3.4　Pika 的提示词控制面板

在 Pika 高级应用的提示词控制面板中有负面（反向）提示词、种子文件、调整关联度等多种用法来帮助创作者编辑更满意的视频。

3.4.1　负面提示词

本节主要讲述如何使用负面提示词模块，在 Pika 高级应用中添加负面提示词模块的具体操作步骤如下。

01　在主界面下方找到提示词面板 Parameters 的图标，如图 3-13 所示。

02　单击该图标即可打开提示词控制面板，添加负面提示词是 Negative prompt 模块，它的作用是把不希望在视频中看到的画面屏蔽掉，如扭曲、不和谐、模糊、粗糙、变形等，如图 3-14 所示。

图 3-13　提示词面板界面

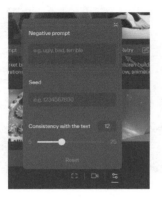

图 3-14　负面提示词界面

3.4.2　种子文件的用法

　　文件种子在视频创作时发挥着巨大的作用。我们可以根据 Seed 值不断生成新的视频，在 Pika 高级应用中使用种子文件的具体操作步骤如下。

　　在提示词面板找到 Seed 模块，种子文件是一串数字，包含在生成的每个视频的文件名中，在该输入框输入 Seed 值生成视频时，它可以在保持原画面和视频中物体不变的情况下在原始视频基础上进行继续生成，如图 3-15 所示。

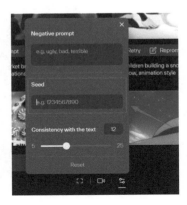

图 3-15　Seed 模块界面

3.4.3　调整提示词关联度

　　在 Pika 高级应用里，不仅可以根据喜好和种子文件进行再创作，还可以通过调整提示词关联度生成新的视频。在 Pika 高级应用中调整提示词关联度的具体操作步骤如下。

　　01 这一操作需要在提示词面板找到 Consistency with the text 模块，它的作用是调整提示词关联度，由 5~25。数值越大，提示词与生成结果关联度越高；数值越小，关联度则越小，Pika 自由发挥的空间越大，默认为 12，如图 3-16 所示。

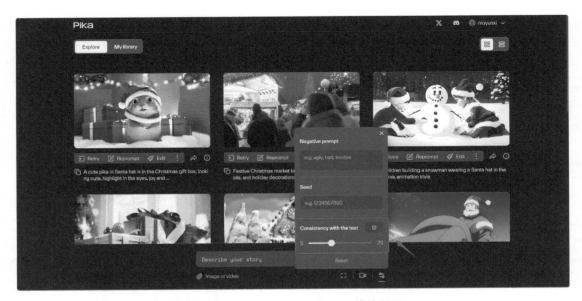

图 3-16　Consistency with the text 模块界面

02　不同提示词关联度如图 3-17 所示。

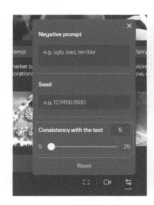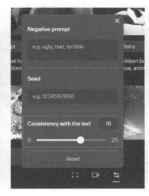

图 3-17　不同提示词关联度界面

3.5　Pika 的工作台

在 Pika 的工作台里可以查找之前生成的视频，也可以预览、下载与删除原有视频，还可以通过复制提示词、重写提示词、局部修改再次生成新视频，本节让我们一起来认识 Pika 的工作台。

3.5.1　在工作台生成视频

在 Pika 工作台生成视频的具体操作步骤如下。

01　单击操作界面顶部的"My library"按钮，这个就是生成的工作台，所有的视频制作都将在这个页面进行，如图 3-18 所示。

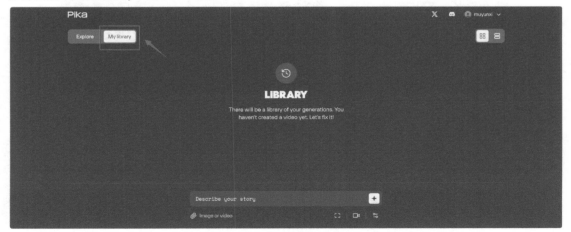

图 3-18　工作台页面

02 单击文本输入框，即可输入提示词。以"一个男孩正在打篮球"为例，输入提示词"A boy is playing basketball"，如图 3-19 所示。

图 3-19　输入提示词界面

03 单击提示词框右侧的生成按钮，可以看到视频已经在工作台等待生成，如图 3-20 所示。

图 3-20　等待生成界面

04 很快视频就会在工作台开始生成，并显示生成的百分比。之后，显示视频已经生成完毕，如图 3-21 所示。

图 3-21　视频生成界面

3.5.2　重新生成视频

如果对生成的视频不满意，这个时候就需要重新生成视频。在 Pika 的工作台重新生成视频的具体操作步骤如下。

01 在生成视频的下方找到"Retry"按钮，它会在提示词不变的情况下重新生成视频。

单击"Retry"按钮，可以看到正在准备重新生成的视频，如图 3-22 所示。

图 3-22　等待重新生成界面

02 多次单击该按钮，可以看到多个视频正在重新生成中。单击任意一个正在重新生成的视频，都可以查看该视频的生成进度，如图 3-23 所示。

图 3-23　重新生成视频进度界面

03 所有重新生成的视频都已经生成完毕后如图 3-24 所示。

图 3-24　最终生成视频界面

3.5.3　预览、下载与删除

当生成视频后，我们可以预览视频生成效果、下载喜欢的视频，以及删除不喜欢的视频。在

改变视频的 AI 技术：Pika 的无限创意

Pika 的工作台预览、下载与删除所生成视频的具体操作步骤如下。

01 移动光标到希望下载或删除的视频画面上，在视频的四周会出现多个图标，如图 3-25 所示。

图 3-25　视频下多图标界面

02 右上角的第一个图标就是下载的标志，单击即可下载视频；右上角的第二个图标就是删除标志，单击即可删除视频，如图 3-26 所示。

图 3-26　下载或删除视频界面

03 右下角的图标用于放大预览，单击即可进行放大预览，如图 3-27 所示。

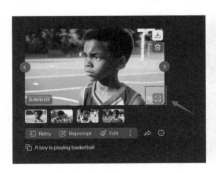

图 3-27　放大预览界面

3.5.4　一键复制提示词

本节将讲述在 Pika 工作台如何一键复制提示词，具体操作步骤如下。

01 预览页面的视频最下方就是当前提示词，提示词左侧的按钮就是复制按钮，如图 3-28 所示。

图 3-28　单击复制按钮

02 单击复制按钮后即可一键复制提示词，如图 3-29 所示。

图 3-29　成功复制提示词

3.5.5　重写提示词

在上一节学习了如何一键复制提示词，本节将为大家讲述如何重写提示词。在 Pika 工作台重写提示词的具体操作步骤如下。

01 在预览界面找到 Reprompt，这个就是重写提示词的功能按钮，单击该按钮即可改写提示词，如图 3-30 所示。

02 以"一个男孩正在写字"为例，修改提示词为"A boy is writing"。单击生成按钮，即可用新的提示词进行生成，如图 3-31 所示。

图 3-30　重写提示词按钮和重写界面

图 3-31　重写提示词并等待生成界面

03　此时可以看到新的视频正在生成，更改提示词进行创作的新视频最终生成完毕，如图 3-32 所示。

图 3-32　新视频生成过程

3.5.6　局部修改视频

如果对于生成视频的局部不满意，则可以使用高级应用里的局部修改视频功能。在 Pika 工作台进行局部修改视频的具体操作步骤如下。

01　在视频生成界面找到想要继续修改的视频，在该视频下方找到"Edit"按钮并单击进入局部修改视频功能的页面，创作者即可在该视频的基础上进行修改，如图 3-33 所示。

02　在输入框下方单击"Modify region"按钮，会跳出局部修改的范围框，如图 3-34 所示。

图 3-33　修改视频界面

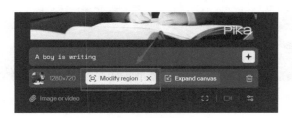

图 3-34　修改范围框界面

03 将范围框框选中需要修改的地方，以修改人物眼睛部分为例。框选选中人物的眼睛，将画面修改为"黑色墨镜"，在输入框中输入提示词"Black sunglasses"即可，如图 3-35 所示。需要注意的是，框选部分的内容尽可能在整个视频中都包含到，框选部分不可以删除，只可以更换物体或内容，也不能框选空白地方生成全新的物体或内容。

图 3-35　局部修改示例

04 单击生成按钮等待生成，如图 3-36 所示。

05 预览生成视频的更改效果，可以看到原本没有戴墨镜的人物已经戴上了墨镜，如图 3-37 所示。

图 3-36　等待生成界面

图 3-37　视频生成界面

3.6　Pika 的智能拓展

利用 Pika 可以实现画面扩张、视频加时、画质升级、查看视频参数与来源等智能扩展，使视频更加符合创作者的要求。下面将对 Pika 的智能扩展做详细解析。

3.6.1　画面扩张

在 Pika 的高级应用里用 Pika 进行画面扩张的具体操作步骤如下。

01 在"Modify region"按钮的右侧找到"Expand canvas"按钮，如图 3-38 所示。单击该按钮即可进入到画面扩张功能界面。

图 3-38　画面扩张功能界面

02 选择需要扩张后的视频比例，Pika 提供了六种扩张的比例，需要注意的是，在扩张前需要提前进行画面的构思，否则扩张后的画面可能会不和谐。

03 假设需要以某种比例进行扩张，则需要构思该画面的上、下、左、右等部分可能将会填充什么内容，是否具有合理性。原视频（16∶9）和扩张后（9∶16）的比例效果如图 3-39 所示。

图 3-39　改变画面比例

04 假设原始画面并没有必须居中的限制，以 4∶3 为例，选择好比例后，还可以对原视频进行缩小和移动，将原始画面放到合适的位置。将视频放好位置之后，单击生成按钮，如图 3-40 所示。

图 3-40　移动及扩张

05 等待生成后预览查看生成的效果，如图 3-41 所示。

图 3-41　等待生成及预览

06 还可以在已经扩张的视频基础上继续扩张。这次以 9 : 16 为例，选择好比例单击生成按钮，如图 3-42 所示。

图 3-42　继续扩张

07 等待生成后预览查看生成效果，如图 3-43 所示。

图 3-43　扩张后的效果

3.6.2　视频加时

在 Pika 的高级应用里，我们可以对原视频进行加时，每次可以加 4 秒（s）。本节我们将学习如何用 Pika 进行视频加时，具体操作步骤如下。

01 在生成视频的下方找到三个点的"更多"图标并单击。在跳出来的菜单中选择 Add 4s 命令，这个命令就是视频加时功能，如图 3-44 所示。

02 可以看到控制面板上多了一个添加 4 秒的提示，同时也可以看到，在继续生成的画面中，一样可以改变画面的参数（如帧数大小），如图 3-45 所示。

03 也可以改变画面的运动参数和负面提示词等，如图 3-46 所示。

 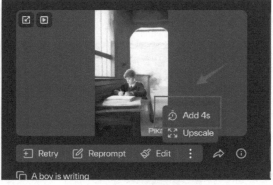

图 3-44 启动加时功能

图 3-45 加时提示及改变参数

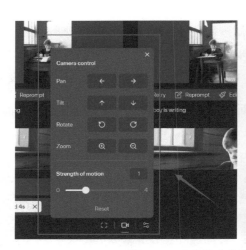 

图 3-46 改变运动参数及负面提示词

04 在选好参数后，单击生成按钮，等待生成，如图 3-47 所示。

05 加时后的视频已经生成完毕，可以看到视频时长已经变成加时后的 7 秒，预览查看生成效果，如图 3-48 所示。

图 3-47　等待生成

图 3-48　视频加时成功及预览界面

3.6.3　画质升级

在 Pika 的高级应用里，我们也可以对画质进行升级，使得画面更加清晰。下面让我们一起来学习如何用 Pika 进行画质升级，具体操作步骤如下。

01 在生成视频的下方单击三个点的"更多"图标，在跳出来的菜单中选择 Upscale 命令，这个命令就是画质升级功能，它会给画面进行降噪、增加对比度等调整，使画面变得更加清晰。

02 选择这个命令，会立刻开始生成画质升级的视频，如图 **3-49** 所示。

图 3-49　画质升级

03 画质升级前后的视频对比如图 3-50 所示。

图 3-50　画质升级前后对比

3.6.4　查看视频参数与来源

本节我们将为大家讲述如何查看所生成视频的相关信息和参数。查看视频参数与来源的具体操作步骤如下。

01 当光标移动到视频上时，在视频左上方就显示了当前画面所执行的操作以及视频来源：Added 4s 表示本视频所执行的操作为添加 4 秒；Video input 表示本视频的来源为视频；Image input 表示本视频的来源为图像；没有显示视频来源则表示本视频的来源为文字，如图 3-51 所示。

图 3-51　查看来源示例

02 如果想查看更详细的视频参数，可以单击视频右下方的参数显示按钮，如图 3-52 所示。

03 单击该按钮后，会出现该视频的各种参数，包括画面帧数、运动强度、文本依赖程度以及种子文件编号，如图 3-52 所示。

图 3-52　查看参数

3.7　Pika 的视频生成视频

Pika 不仅可以文生视频、图生视频，还可以视频生成视频。在高级应用里，可以通过改变原视频风格和元素来生成新的视频。

3.7.1　改变视频风格

本节我们将为大家讲述如何改变原有视频风格。运用 Pika 改变视频风格的具体操作步骤如下。

01 在文本输入框的下方找到"Image or video"按钮并单击，在弹出的"打开"对话框中选择需要上传的视频，如图 3-53 所示。

图 3-53　选择原视频示例

02 需要注意的是，上传的视频大小不可以超过 10MB，否则会报错。在修改视频大小后，即可顺利上传视频，如图 3-54 所示。

03 如果想改变视频风格，可以在提示词输入框中输入对应的风格，以"梵高的艺术风

格"为例,提示词为"van gogh artistic style",之后单击生成按钮如图 3-55 所示。

图 3-54　上传视频大小错误及修改后成功上传

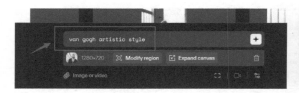 

图 3-55　改变风格及单击生成按钮

04 等待生成并查看生成效果,可以发现视频风格已经变成了在提示词输入框中设置的风格,如图 3-56 所示。

图 3-56　等待生成及查看效果

3.7.2　改变视频元素

除了改变整体画面风格,也可以框选主体进行局部修改,本节我们将为大家讲述如何改变原有视频元素生成新的视频。运用 Pika 改变视频元素的具体操作步骤如下。

01 在输入框下方找到"Modify region"按钮,单击该按钮,即可框选需要修改元素的视频画面部分,如图 3-57 所示。

02 以将人物头部修改为"钢铁侠头盔"为例,框选人物的头部,并在提示词输入框输入提示词"iron-man helmet",之后单击生成按钮,如图 3-58 所示。

03 等待生成,之后观察已生成的视频画面,发现 Pika 已经对人物头部进行了修改。除

此以外，我们还可以更改人物的性别、衣服颜色等元素，如图 3-59 所示。

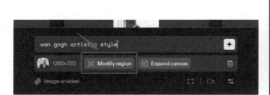

图 3-57　单击 Modify region 按钮及框选元素

图 3-58　输入提示词及单击生成按钮

图 3-59　等待生成及生成效果

3.8　Pika 的唇形同步功能

Pika 的唇形同步功能可以通过上传视频或图片，再选择已有的声音模型或上传新的音频作为模型来生成音频，并生成与音频同步的唇形画面，来创作出符合创作者要求的作品。本节我们将对 Pika 的唇形同步功能做详细讲述。

3.8.1　视频唇形同步

首先我们要为大家讲述的是如何使用视频来生成唇形同步的视频。运用 Pika 进行视频唇形同步的具体操作步骤如下。

01 在生成好的视频下方，单击 Edit（修改）按钮，如图 3-60 所示。

02 单击 Lip sync（唇形同步）按钮，如图 3-61 所示。

图 3-60　单击 Edit 按钮

图 3-61　单击 Lip sync 按钮

03 进入唇形同步功能界面，在 Generate text to audio 文本生成音频模块，可以输入文本来生成音频，如图 3-62 所示，字数要求 250 字以内，相对于其他语言来讲，英文文本生成的效果是最好的。

04 本次生成音频的文本以"happy"为例，在文本输入框输入"happy"，如图 3-63 所示。

图 3-62　唇形同步功能界面

图 3-63　生成音频的文本

05 如果需要特定音色的音频，可以在 Upload your audio 模块上传音频，如图 3-64 所示。

06 可以直接选择 Pika 已有的模型。在声音模型模块单击向下展开的箭头，如图 3-65 所示。

图 3-64　Upload your audio 模块

图 3-65　展开声音模型模块

07 展开后可以看到 Pika 已有的多种不同的音色模型，可以根据画面中的人物形象和我们的使用需求选择不同的声音模型，如图 3-66 所示。

08 单击喇叭按钮即可试听声音模型的音色，如图 3-67 所示。

图 3-66　选择声音模型

图 3-67　试听声音模型

09 选择一个最符合需求的音色模型，如图 3-68 所示。

10 单击 Generate voice（生成语音）按钮，如图 3-69 所示。

图 3-68　选择好的音色模型

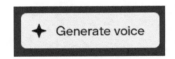

图 3-69　生成语音按钮

11 生成完毕后，即可试听所选择的音色朗读指定文本的音频效果，试听界面如图 3-70 所示。

12 单击"播放"按钮即可试听，如图 3-71 所示。

13 如果生成音频的情绪或者状态的效果不满意，可以单击"重新生成"按钮重新生成音频，如图 3-72 所示。

14 音频也可以单独下载到本地，单击"下载"按钮即可，如图 3-73 所示。

15 下载好的 WAV 格式的音频文件如图 3-74 所示。

图 3-70　试听界面

图 3-71　"播放"按钮

图 3-72　"重新生成"按钮

图 3-73　"下载"按钮

图 3-74　下载完成界面

16　单击"Attach and continue"按钮，可以展示音频加画面的效果，但此时并没有进行唇形对齐，如图 3-75 所示。

图 3-75　"Attach and continue"按钮

17　音频加画面的效果如图 3-76 所示。

18　单击"播放"按钮即可再次试听音频效果，如图 3-77 所示。

19　单击"Generate"按钮，才可以将音频和画面进行唇形对齐，如图 3-78 所示。

图 3-76　音频加画面的效果

图 3-77　再次试听音频效果

图 3-78　"Generate" 按钮

20 正在开始生成，如图 **3-79** 所示。

21 音频和画面唇形同步的视频生成完毕，如图 **3-80** 所示。

图 3-79　正在生成界面

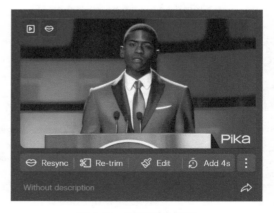

图 3-80　唇形同步视频

22 单击"放大预览"按钮，如图 **3-81** 所示。

23 在放大预览后的视频右下角找到"播放"按钮，如图 **3-82** 所示。

图 3-81　放大预览

图 3-82　"播放"按钮

24 可以看到此时的"播放"按钮是关闭的，单击该按钮即可打开，如图 3-83 所示。

25 打开"播放"按钮的效果如图 3-84 所示。

图 3-83　关闭"播放"按钮状态

图 3-84　打开"播放"按钮状态

26 光标移动到视频上方，即可查看完整效果，如图 3-85 所示。

图 3-85　查看完整唇形同步视频

27 需要注意的是，在原始素材中，人物的嘴部应该是闭合的，Pika 对于嘴部闭合的视频生成口型的效果比较好。生成原始素材时，使用反向提示词，控制人物嘴部不动，可以获得更好

的效果。反向提示词可以使用"说话，张嘴（speaking，open mouth）"或者"说话，嘴部运动（talk，mouth movements）"。生成的声音时长不能超过画面的时长，才可以得到更好的效果。

3.8.2　图片唇形同步

本节我们要为大家讲述的是如何使用图片来生成唇形同步的视频。运用 Pika 进行图片生成唇形同步视频的具体操作步骤如下。

01 选择图片素材时，图片需要包含人物，且人物需要包含明显的面部特征，如图 3-86 所示。

图 3-86　图片素材

02 通过"Image or video"按钮上传图片，如图 3-87 所示。

03 单击图片下方的"唇形同步"按钮，如图 3-88 所示。

图 3-87　上传图片　　　　　图 3-88　"唇形同步"按钮

04 输入英文文本并选择声音模型，如图 3-89 所示。

05 单击 Generate voice（生成语音）按钮，如图 3-90 所示。

图 3-89　输入英文文本并选择声音模型　　　　图 3-90　"生成语音"按钮

06 单击 Attach and continue（添加并继续）按钮，可以展示音频和画面的效果，如图 3-91 所示。

07 单击 Generate 按钮，将音频和画面进行唇形对齐，如图 3-92 所示。

图 3-91　"添加并继续"按钮　　　　　　图 3-92　Generate 按钮

08 放大查看完整效果，如图 3-93 所示。

图 3-93　查看完整效果

3.8.3　图片动态素材

通过上节的学习可以发现，通过图片生成的唇形同步视频只有嘴唇的简单动态变化，如果想让画面的环境进行复杂的动态变化，需要先把图片变成适合 Pika 的视频素材（即 3.8.1 节最后步骤所述人物嘴部闭合）。本节要为大家讲述的是如何把图片变成适合 Pika 的视频素材，具体操作步骤如下。

01 上传图片后添加画面描述，我们以"一个中国女孩站在人群前面，她的头发在空中飘着（A Chinese girl stands in front of the crowd，her hair floating in the air）"为例，如图 3-94 所示。

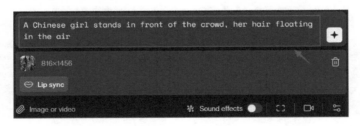

图 3-94　添加画面描述

02 添加画面背景环境合理的动态效果，如图 3-95 所示。

03 由于 AI 会自动为画面人物的嘴部添加运动效果，所以需要使用负面提示词，控制人物嘴部不动。同时，提示词关联度需要调整为一个比较合适的数值，以 10 为例，如图 3-96 所示。

图 3-95　添加动态效果　　　　　　　图 3-96　使用负面提示词

04 单击生成按钮即可开始生成，如图 3-97 所示。

图 3-97　生成按钮

05 可以看到生成的视频效果，画面有较大的动态变化，且人物的嘴部紧闭，如图 3-98 所示。

06 如果对眼神或其他效果不满意，可以单击"Retry"按钮重新生成，如图 3-99 所示。

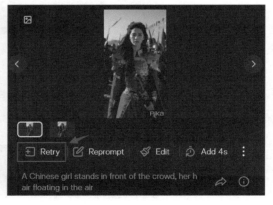

图 3-98　视频效果　　　　　　　　　图 3-99　重新生成

07 查看最终生成效果，如图 3-100 所示。

图 3-100　最终生成效果

3.9　Pika 的音效生成功能

Pika 的音效生成功能可以自动或手动为画面匹配音效，极大地提高了视频制作的效率，同时将 AI 视频制作的质量进一步提升。下面将对 Pika 的音效生成功能做详细讲述。

3.9.1　自动匹配环境音效

本节要为大家讲述在 Pika 生成视频时，如何自动匹配环境音效。运用 Pika 自动匹配环境音效的具体操作步骤如下。

01 在生成视频时，打开 Sound effects（声音效果）按钮，如图 3-101 所示。

图 3-101　Sound effects 按钮

02 同时，在描述提示词中，需要包含声音来源和声音的提示词，以"天空正在下雨并打雷（The sky is raining and thundering）"为例，如图 3-102 所示。

图 3-102　输入提示词

03 经过测试，文本关联度数值为 8~10 时效果最好，如图 3-103 所示。

04 最终效果如图 3-104 所示。

图 3-103　文本关联度设置

图 3-104　最终效果

3.9.2　手动匹配环境音效

本节要为大家讲述在 Pika 生成视频时，如何手动匹配环境音效。运用 Pika 手动匹配环境音效的具体操作步骤如下。

01 在生成好的视频下方，单击 Edit（修改）按钮，如图 3-105 所示。

图 3-105　Edit 按钮

02 单击 Sound effects（声音效果）按钮，如图 3-106 所示。

03 此时会跳出音效提示词输入框，如图 3-107 所示。

图 3-106　Sound effects（声音效果）按钮

图 3-107　音效提示词输入框

04 此时输入的提示词可以与画面相关，也可以与画面无关，音效生成效果取决于我们对画面的理解，以"火焰燃烧的声音（The sound of flames burning）"为例，单击"生成"按钮，如图 3-108 所示。

05 等待生成，如图 3-109 所示。

图 3-108　输入提示词

图 3-109　等待生成界面

06 音效生成完毕，选择满意的音效，单击 Continue（继续）按钮，如图 3-110 所示。

07 在视频下方可以看到音效的进度条，单击播放按钮即可试听，如图 3-111 所示。

图 3-110　选择满意的音效

图 3-111　播放并试听

08 拖动进度条，可以对音频合适的部分进行裁剪，如图 3-112 所示。

09 单击 Attach to Video（添加到视频）按钮，即可开始生成视频，如图 3-113 所示。

图 3-112　音效进度条　　　　　　　　　图 3-113　Attach to Video（添加到视频）按钮

10 视频生成完毕，如图 3-114 所示。

11 放大并打开播放按钮，查看完整效果，如图 3-115 所示。

图 3-114　视频生成完毕界面　　　　　　　图 3-115　查看完整效果

3.10　Pika 的原始素材选择技巧

Pika 创作视频中，原始素材的选择上也有一定的技巧，包括如何选取合适的提示词、图片及视频。下面将带领大家一起学习原始素材的选择技巧。

3.10.1　提示词的选择

本节让我们一起从风格提示词技巧、镜头视角参数、摄像机术语、画面描绘技巧，画面质量清晰度等方面来来学习提示词的选择技巧

1. 提示词公式

Pika 的原始素材选择中，提示词公式选择的具体技巧如下。

常用的提示词公式为：短片风格+镜头参数+画面描绘+灯光/光影细节+画面质量/细节/清晰度。

2. 风格提示词技巧

Pika 的原始素材选择中，风格提示词添加的位置以及目前已知可实现的具体风格技巧如下。

1）在开头加入视频整体风格的词汇，例如：3d，cartoon，pixar，cinematic shot。

2）目前已知的能实现的风格。

- 3D 动画：皮克斯动画、迪士尼动画、梦工厂、索尼图片动画（Sony Pictures Animation）。

- 2D 动漫：新海诚动漫风格、宫崎骏动漫风格 [吉卜力工作室（Studio Ghibli）]。

- 电影导演：诺兰、温子仁、皮尔斯伯格，韦斯·安德森（Wes Anderson）（以导演最出名的电影风格为例，如"prompt：诺兰导演，一个人在沙漠中行走，生后发生爆炸，尘土飞扬""prompt：温子仁导演，一个修女在教堂端着蜡烛行走，夜晚景象"）。

- 艺术家：梵高（Van Gogh artistic style）、莫奈（Claude Monet artistic style）、阿夫列莫夫（Leonid Afremov）。

3. 镜头视角参数

Pika 的原始素材选择中镜头视角参数选择的具体技巧如下。

- 无人机跟拍镜头：video take from a plane，moving forward。

- 快速跟拍镜头：Camera tracking，motion。

- 场景跟拍：follow a man in the "xxx"。

- 汽车跟拍：follow car driving。

- 从后面的视角（使摄像机位于主体的后面，从后面观察它）：POV from behind。

- 视频延时：timelapse video shot from a boat。

- 延时摄影：Timelapse of a Poppy flower。

- 慢镜头：slow motion。

- 低姿态/蠕虫视角（由下往上拍摄）：worms eye view。

- 示例提示：蠕虫视角，超高清聚焦，高动态范围成像，透过浅水仰望，观赏着鱼儿在太阳达到顶点时背光而过，水中植物也可见（Worms eye view, hyper focus, HDRI, looking up through shallow water as fish pass by backlit by the sun at zenith, with water plants in view）。

4. 已知能实现的摄像机术语

Pika 中已知能实现的摄像机术语，具体如下示例。

- Zoom In：放大。

- Zoom Out：缩小。

- Zooming In：放大中。

- Zooming Out：缩小中。

- Dolly Zoom：往远处推动变焦。

- POV（Point of View）：视角（第一人称）。

- Dynamic Zoom：动态变焦。

- Parallax：视差。

- Aerial：空中。

- Wide Angle：广角。
- Close Up：特写。
- Macro Video：微距视频。
- Microscopic Video：显微视频。
- Timelapse Video：延时摄影视频。
- Bird's Eye View：鸟瞰视角。
- Arial View：空中视角。
- Portrait：肖像。
- Head On：正面。
- Full Body：全身。
- Low Angle：低角度。
- High Angle：高角度。
- Canted Angle：倾斜角度。
- Bird's Eye View：鸟瞰图。
- Worm's Eye View：蠕虫眼视图。
- Over the Shoulder：过肩镜头。
- Point of View：主观镜头。

5. 画面描绘技巧

Pika 的原始素材选择中画面描绘的具体技巧如下。

1）Pika 无法使用指令性提示语。如果要制作动画图像，不要说"让它动起来""把这个动画化""给我制作一个电影"之类的话，而是需要使用具体的提示语来告诉 AI 如何制作动画。使用像"她的左手握成拳头""他点头"和"汽车在街上开动"（her left hand clenches into a fist, he nods his head, the car rolls down the street）这样的提示语。要注意，每次制作 3 秒钟的短片，不能指示它制作超过这个时间的内容，那样不会有效果。不要给 AI 提供在 3 秒内无法完成的动画指令，示例如下。

- 让一个人走或者跑起来就说：a man walking/running。
- 向天空飞去：a man flying upwards into the air。
- 跳起来：a man jumps in the air。
- 滑滑板：man does a skateboard trick。
- 说话：a man speaking。

2）如果需要运动，请告诉 Pika，否则它可能不会生成任何内容。例如，"旋转的硬币"或"硬币落下并弹跳"比仅仅写"一堆硬币"更具体有效。

3）在描绘中，火（Fire）、火焰（Flames）、雾气（Fog）、水雾（Mist）、烟尘（Smoke dust）等描述词汇在 Prompt 中占据的权重比例会较大，有时会导致 Pika 忽略其他提示词。

4）为获得电影化的肖像效果，请让人物直接看向摄像机，或者换成直接转向摄像机：swap for turning directly to camera。

5）要让人物动嘴说话或者是唱歌，需要确保初始的人物嘴巴是闭住的。

6）告诉 AI 想看到的具体动作。不要告诉它"制作动画"或"制作视频"——它不会知道该怎么做。不要告诉它"发挥想象力，移动这个图像"——AI 没有想象力，很可能会忽略你。看看你的图像，想想在 3 秒内最有可能以动画形式展现的方式，然后具体地告诉 AI 去做那件事。不要描述你的图像，AI 可以看到图像，请直接描述你想要的动画。

相反，说像"头发在风中飘动""自行车倒在树上""女孩翻阅她正在读的书的页码"这样的话，并且非常确保你描述的动画内容是可以在 3 秒内完成的。例如，如果女孩没有书，AI 不太可能给她一本书。如果你的图像中有一个天使坐在桌子上写东西，而你的提示是"让天使飞起来"或"天使正在飞"，AI 做不到这一点——天使正在坐着。它的翅膀可能会拍动，它可能会向前倾，但它不会突然在空中飞翔。

7）如果要使用起始图像，不要在你的提示语中描述图像，而是描述你想让它做什么。例如，如果你上传了一张黑白小狗的图片，不要说"一只黑白小狗在跑来跑去"，只需说"小狗在跑来跑去"或"小狗正在跑来跑去"（the puppy runs around，the puppy is running around）。

8）有时 AI 倾向于把事情搞反了，所以经常告诉 AI 你想要的相反的事情效果往往很好。尝试这个提示："跟踪镜头：一辆海军蓝色、沾满泥的吉普车在艺术家"Afremov"的抽象荒野景观中向后行驶，车轮旋转"（tracking shot：a navy blue，muddy jeep travling backward through an Abstract wilderness Landscape by artist " Afremov"，wheels spinning）。

9）动作描述详解如下。

① 将你的动作动词放在前面，尝试对"一位美丽的女士在她的社区中快速地沿着街道慢跑"添加词语来加快动作［这里用的是"快速地"（rapidly）］，使用以-ing 结尾的动词（这里是 Running 和 jogging）。

② 尝试使用自然意味着运动的想法/词汇。汽车通常是在运动中的，因此让汽车四处移动很容易。

③ 如果你使用静态图像作为开头，尝试使用捕捉到中途运动的图像。

④ 图像中的运动模糊有助于让 Pika 意识到应该有东西在移动。

6. 灯光/光影细节

Pika 的原始素材选择中灯光/光影细节选择的具体技巧如下。

1）戏剧性灯光（dramatic lighting）：red velvet stage curtains moving in the breeze，dramtic lighting。

2）高清光影细节：Ultra high-resolution and detailed，intricate，sharp，crystal-clear，Gleaming，mirrored，reflective，shiny，polished。

7. 画面质量/细节/清晰度

Pika 的原始素材选择中画面质量/细节/清晰度选择的具体技巧如下。

1）画面高清：32K resolution，sharp，captured by Phantom High-Speed Camera。

2）画面质量：awesome aesthetics，Ultra HD details，highly detailed。

8. 关于 highly detailed 的解析与示例

Pika 的原始素材选择中关于 highly detailed 的解析与示例，具体技巧如下。

在你的提示语之后添加"高度详细"（highly detailed）或者在提示语中包含它，就像下面的例子所示。

1）在提示语中包含高度详细。

/create prompt：一个在俱乐部跳舞的男人（a highly detailed man dancing in a club）。

这通常会产生中等水平的结果，但它可以因提示而异，示例如下。

/create prompt：一个在高度详细的俱乐部跳舞的高度详细的男人（a highly detailed man dancing in a highly detailed club）。

这会增强环境细节或者简单来说就是俱乐部的细节，它可能会增加一些其他跳舞或站立的人、灯光、舞台、酒吧，也许还有桌子等。这总是取决于完整的提示，并且可能会有所不同。

2）在提示语之后添加高度详细。

/create prompt：一个在酒吧跳舞的男人，高度详细（a man dancing in a bar，highly detailed）。

这是最好的选择，将高度详细作为设置（这里的设置指的是类似设置的描述提示词，而不是参数）添加到当前的提示语之后，并始终用逗号（,）和空格分隔。这样就可以清楚地告诉 AI 您想要它在整个图像和之后输入的每个设置上应用高细节（这里指 AI 生成的作品具有非常详细、细腻、丰富的画面）。

9. 提示词其他技巧

Pika 的原始素材选择中的其他技巧如下。

1）顺序。

2）清晰。

注意：使用"完美细节""极度细节""全细节""100%细节"（perfectly detailed，extremely detailed，full details，100% detail）等术语……并不会为 AI 提供一个明确的描述来处理，它会感到困惑，并会生成：变形、扭曲、畸形、故障以及任何类型的变化。

提示 1

high detailed 在语法上是不正确的，为了确定请输入 highly detailed。

提示 2

输入 good details 会给你一个低细节的生成，而不是高度详细的。

所以，到目前为止，我们可以理解的是，AI 要么不知道完美或极端或 100%的细节可能意味着什么，因为这些词描述的是美学差异。它们不是物质或可数的东西（可数定义在 AI 看来可能是最好的），它们是形容词，而 100%确实意味着一个比例尺度的测量，当涉及向 AI 描述细节之类的事情时，这些都是不合逻辑、不清晰、不可理解，也是不可数的（除了 100%，这是比例尺

度，但仍然不准确）。

在这里，你需要序数尺度术语（ordinal scaling terms）。

序数尺度意味着 = 表示排名的层级顺序，但不带编号（例如低、中、高或初级、中级、高级），但让我们只保留"低、中、高"（low，medium，high），因为它对我们的目的来说更准确。

这样，就有了一个完全更好的测量方式来决定希望生成多少细节。

注意：在输入最后一个手动设置时要小心逗号和连字符，不要在之后输入逗号（,），因为无论如何都必须输入连字符（-）来给出自己想要的默认设置，这使得输入的逗号成为不必要的额外符号。

例如，/create prompt：一个在俱乐部跳舞的男人，高度详细，逼真（2K -gs 24 -ar 9∶16 -seed 600 -motion 2）。

在该示例中，2K 之后没有输入逗号，而是输入的连字符，因为 2K 之后是设置参数，而 2K 之前（含 2K）是设置描述提示词。

10. 特别提示

1）AI 生成内容所需的提示词通常为自然语言，也就是人们日常生活中习惯性表达的语言，但是在 AI 识别过程中，也会有偏移常见语言习惯的情况发生，例如"一只正在奔跑的狗"，这是正常的语言表达习惯，如果使用"奔跑，一只狗"也可以生成同样效果的视频。

2）AI 生成内容的提示词，很多时候是来源于作品（参考图），即先有的作品（参考图）然后通过 AI 反推出的提示词。

3）由于自然语言并非只包括中文，目前世界公认并在使用的语言达到 7000 余种，因此不能完全以中文的语言习惯为准来要求 AI。

综上所述，有时候创作过程中可以将不符合中文语言习惯的提示词删除，部分描述提示词所占的权重不太会影响最终的生成效果，在修改时需要注意将描述提示词与完整提示词同时修改。

3.10.2　图片的选择

在使用图片生成视频时，具体选择的技巧如下。

1）确保图片画面颜色以及背景、前景分层明确，这样在后续提示词中，对画面进行分层描述，会让视频看上去更和谐。例如一个画面中，前景是一个人站在马路上，背景是街道人来人往的繁忙景象，在提示词中输入"一个男人（描绘准确），站在××（地理位置），背景是××（描绘准确），背景在做××（怎样的运动）"也可以在末尾添加常用摄影参数，例如背景用"延时摄影"呈现。

2）画面主体清晰可见，有一个明显的运动导向，例如一个画面中，一只猫有向前运动的趋势，可以在提示词中加入"一只××（颜色）的猫，在××（背景描述），走路/奔跑"，如"一只黄色的猫，在花园的草坪上，奔跑"。

3）烟雾、火焰、水流等体积权重占比较大的画面，可以在最后生成的视频中达到最好的效果。

3.10.3　视频的选择

在使用视频生成视频时，具体选择的技巧如下。

1）视频中人物主体转动或者运动幅度不能太大，关节处不能出现明显的黏连感。

2）视频中画面不能过于复杂，例如车水马龙的城市、鸟群、人群等。

3）视频中主体突出且单一会导致最后的画面更加干净、和谐。

第4章
Pika对社交媒体内容生产的颠覆

短视频是一种现代新型社交方式，它的碎片化表达方法不仅提高了创作者创作的效率，而且给受众群体带来很大的便利。本章让我们一起来看看 Pika 对于社交媒体内容生产的颠覆性影响。

视频的变化效果以单帧截图的平面展示（此后章节均同），为了带给读者更好的观感，案例章节会配备生成视频的二维码，可以按图像编号查看案例视频。

4.1　Pika 在社交媒体内容生产的应用技巧

Pika 作为一款 AI 视频生成工具，如何更好地在抖音、快手、视频号、小红书、西瓜视频、哔哩哔哩等社交平台上生成契合各个平台发展特征的视频从而大放异彩呢？下面我们将从适应平台比例与内容技巧、热点素材、避免侵权和无限内容生成等方面来进行详细讲解。

4.1.1　Pika 适应各个平台比例与内容技巧

视频创意内容是短视频的核心，对于不同的视频社交平台，生成并推广适合平台发展类型的视频，可以更好地吸引受众注意力并给他们留下深刻的印象。创作者可以根据自己的想法和创造力来创作独特的视频内容。Pika 同样也可以适应各大视频社交平台比例与视频生成内容及类型。

1. 抖音平台

抖音是一款最初以音乐为主题的短视频应用程序。在抖音上，多数人使用音乐、滤镜、特效等功能来制作独特的短视频，还可以使用抖音的挑战功能来吸引更多的关注者。抖音的主旨重在强调"记录美好生活"，注重用户的观赏感。抖音平台早期的发展策略是深入全国各地艺术院校，并说服一批高颜值、有才艺的年轻人在抖音上生产视频，同时帮助他们获取粉丝，提高关注度。抖音流量集中在娱乐明星，但抖音的年轻用户已经接近饱和，中老年用户才是抖音剩余的用户增量池。抖音对于中老年用户的吸引力在不断增加，银发网红持续入场抢占流量红利。因此我们的创作除了以青年人群体为主外，会偏向于情感类、官媒类、艺术类等内容，为不断增长的中老年群体用户提供视合适的视频类型。

　　抖音采用单列信息流模式。让用户低成本获取优质内容；减少用户思考，享受放松休闲；单个内容转化高，内容消费率高；广告变现天花板高；对算法精准度要求较高。单列布局适合更高级更高效的产品形态，所以 Pika 在抖音上的视频创作会更加偏向媒体型产品。在视频尺寸的选择上为了适应手机屏幕的竖屏观看习惯，确保视频内容在抖音平台上展示时具有最佳的视觉效果，则定为 1080px×1920px（像素），比例为 9∶16。

2. 快手平台

　　快手则强调的是"公平、普惠"，产品定位是"基于短视频和直播的内容社区与社交平台"，标语从"有点意思"更新为"拥抱每一种生活"，鼓励视频用户从"观察者"变成"参与者"。快手以幽默搞笑的素人为主。年轻用户是快手用户的基石，据统计，00 后及 90 后的用户比例还在进一步扩大，年轻用户同样也是重要的用户增量来源。Pika 在快手上的视频创作会以年轻用户为主，针对不同年龄阶段利用独特的视频风格吸引广大青少年群体。

　　快手采用双列信息流，适合内容社区型产品，有利于多元且包容的社区氛围；一次性呈现更多内容，容错率高；内容消费率低但内容丰富；广告变现能力较差，对算法精准度要求低于单列。因此 Pika 在快手视频上的创作会更倾向于双列瀑布流的 UI 设计叠加上去中心化的分发模式，使得视频的评论、互动和社交氛围更强，更好地激励用户群体与创作者建立起社交关系。在视频比例上将采取标准比例，通常为 640px×360px。

3. 视频号平台

　　视频号也是一款以短视频为主题的应用程序。多数创作者在视频号上使用音乐、滤镜、特效等功能来制作独特的短视频。甚至使用视频号的挑战功能来吸引更多的关注者。视频号的"记录真实生活"更接近于之前的快手，更关注于长尾用户。视频号上的视频创作基于社交关系裂变，即"熟人推荐"模式。实质上是纯兴趣分发"推荐"与纯社交分发"朋友"推荐的双向融合。视频号核心垂类聚焦在情感、音乐、生活。对比来看，除短视频和直播外，视频号可支持长达 30min（分钟）的长篇视频。Pika 在视频号平台的视频创作上会倾向于长篇视频，再者微信用户的适用范围较广，涵盖各个年龄阶段。所以在视频号平台，会利用相对时间优势，制作更加符合大众审美与休闲娱乐的视频。除此之外，视频号中有较多官方媒体针对人民大众所喜闻乐见的事进行视频创作，正能量、实用则更受欢迎，Pika 在这里也会适应这一大特点。视频尺寸也将采取 9∶16，以此达到最佳观赏效果。

4. 小红书平台

　　小红书是一款以生活方式为主题的社交媒体应用程序。在小红书上，Pika 将倾向于制作与美食、旅游、时尚等相关的短视频。还可以使用小红书的挑战功能来吸引更多的关注者。视频创作尺寸较为多样，主要有竖屏 3∶4，正方形 1∶1，横屏 4∶3 这三种标准。

5. 哔哩哔哩平台

　　哔哩哔哩（即 B 站）是一款以动画、游戏、音乐等为主题的社交媒体应用程序。在哔哩哔哩上，Pika 视频创作则会倾向于与动画、游戏、音乐等相关的短视频。例如动漫、二次元、3D

等。将更注重平台私域流量和公域流量的二次分配，完善内容生态体系，实现用户增长与留存。对于短视频，Pika 创作的封面及视频的比例会控制在 3：4，750px×1000px 及以上，视频时长最短为 5 秒，总时长 60 秒以内；对于长视频，分辨率是 7680px×4320px（短边大于等于 4320），帧率可以是 23.976 fps 或 29.97 fps。

4.1.2　Pika 生成热点元素视频

一般可以从抖音、微博、百度这三个平台寻找热点。微博是娱乐资讯源头，可从微博搜索或热度排名中筛选感兴趣的热门素材。百度和微博类似，从搜索框下侧便可看见热门内容，可以从热门内容中获取灵感再利用 Pika 进行创作。

1. 抖音平台

抖音的用户以年轻人为主，尤其是青年和少年，他们活跃度高，喜欢新颖有趣的内容。这些内容通常简短，主题多样，包含了音乐、舞蹈、喜剧、教育等各个方面。在抖音创作视频要注重节奏感和创意，可使用特效和滤镜增加趣味性。抖音热点素材主要分两类：时事热点，包括各大节日节点；另一个热点便是 BGM（背景音乐）。

在抖音可以通过搜索关键词找高赞视频，模仿其风格，收集素材并进行重新设计。打开抖音首页的搜索框会看到抖音热搜内容和 DOU 听音乐榜，DOU 听音乐榜聚集了高人气、高使用量歌曲排名，利用 Pika 生成的抖音短视频，配乐会选用热门背景音乐，并与抖音官方达成合作，如使用和推荐官方榜单内容和热门音乐来打造专属于个人的原创爆款短视频。

2. 快手平台

快手的用户覆盖面较为广泛，有年轻人也有中老年人，在农村和下沉市场很受欢迎。其视频内容丰富多样，包括搞笑、美食、生活方式、农村生活等。用户更喜欢看真实和有地方特色的内容。

针对这些特点，我们利用 Pika 制作快手视频时可以从快手本身推荐、其他短视频平台、自己创作、网络搜索、生活实践等多方面找热点素材。在快手和其他平台的热门标签下，可以从有创意的用户作品中获取灵感，寻找感兴趣的素材，也可以从生活中直接创作，毕竟艺术来源于生活又高于生活。

3. 视频号平台

视频号的流量均来源于微信公众号用户，因为查看方式较为便捷。用户不需要退出微信就能进入短视频页面，因此带来了很多流量。它是微信的短视频平台，吸引了大量微信用户。在微信视频号中用户群体广泛，涵盖了各个年龄阶段。视频号的内容丰富，涵盖了娱乐、教育、新闻、生活等各种主题，创作者可以个人兴趣根据兴趣和专业选择来进行创作。在利用 Pika 进行视频创作的过程中，可以多观看官方媒体发布的视频，选择热点话题，发布相关视频来提高用户收视率的提升。

4. 小红书平台

小红书深受年轻女性用户的喜爱，其以用户生成的购物、美妆和生活方式指南为特色。在这

里，所有的用户们可以互相分享购物经验、美妆技巧以及旅行经历等。

在小红书领域，有多种获取热点素材的途径。首先，用户可以浏览热门话题下的相关内容，也可以在热门用户的账号中寻找热门内容。此外，平台方提供的"活动"等功能，也能帮助创作者找到最新的热门内容。

5. 哔哩哔哩平台

与其他平台不同，哔哩哔哩的主要用户是青少年和学生，尤其是大学生。其内容以各类教学和科普的动画形式为主，用户对其深度和专业性提出了更高的要求。

在哔哩哔哩平台上，Pika 主要关注学习和教育类视频。热点元素可以从各大学术会议讲座、教学视频、学习技巧分享、科技创新、励志电影和娱乐生活中获取。这些热点可能来自一些专业的学术会议、有趣的纪录片短片，也可能是关于最新科技发展的短片等。利用 Pika 自制原创视频，如有趣的动漫和提升自我类的教学视频等，都比较符合青少年和大学生的兴趣。

4.1.3　Pika 避免侵权与无限内容生成技巧

1. 避免侵权

Pika 能够根据用户的需求生成各种风格的视频动画，这意味着用户可以凭借自己的创意进行多样化创作，而不用套用他人作品。

由于每个人的创意和想法都不同，所以生成的内容也各不相同，且都是原创。为了验证视频的原创性，我们进行了大量实验。在实验中，我们使用其他软件（如 Midjourney）将视频逐帧截图，并对视频画面进行分析，反推出描述词。也可以直接对视频画面的截图使用 Stable Diffusion（简称 SD）进行微改。

Pika 还具有局部修改视频内容的功能，用户可以圈定需要修改的部分并提出要求，单独改变所圈定的元素。这样就避免了直接引用他人作品，既能借鉴优秀作品又不会侵权。再加上视频的高质量和审美，数据非常可观，效果也很好。

2. 无限内容生成

Pika 的无限内容生成表现在多个方面。

首先，在视频时长上，Pika 会先生成一个 3 秒的视频，单击生成视频右下角的 Add 4s 按钮后，对话框会出现 Add 4s 的标识，单击生成后，视频会延长 4 秒。我们可以在新生成的视频上继续单击 Add 4s 按钮，如此循环可不断增加视频长度。在添加视频时长的这个过程中，提示词及选项是支持修改的，如果对于原视频不满意，可以输入提示词进行修改和再创作。

其次，从无限创作剧本的角度来讲，Pika 可以根据文本描述内容无限续写短片剧本。

还有，就是扩展内容无限生成视频。Pika 会先生成原视频，然后我们对其生成原视频的最后一帧进行截图，再以最后一帧为依据，导入最后一帧画面，利用 Pika 图生视频的功能，将一帧再继续生成新的视频，以此类推。

例如我们在对话框中输入一个坐在凳子上的小男孩起身准备出门，单击生成按钮后可以看到在 3 秒内的视频里，有一个小男孩从凳子上起身。接着第二个视频我们导入上个视频的最后一帧，同时可以输入关键词戴帽子，可以看到刚才的小男孩从凳子上起身后走到门口戴上了帽子。第三个视频以第二个视频的最后一帧为据，同时可以输入关键词转身锁门，可以看到戴好帽子的小男孩锁上了房门准备外出。后边还可以根据创意无限生成。

除此之外，可以利用视频生成视频，输入一段原视频，根据用户要求的场景生成各种风格的视频；也可以圈定部分元素提出修改要求，单独改变所圈定的元素来局部修改视频内容；还可以通过不同需求修改视频尺寸来无限生成新视频。总而言之，Pika 的强大功能催生出诸多创意技巧。

4.2　Pika 适应各个平台内容实例效果

Pika 对抖音、视频号、小红书、西瓜视频、哔哩哔哩等社交平台上的内容生成有极大的辅助作用，下面我们将学习利用 Pika 创作适应各个平台内容的不同实例并观看演示效果。

4.2.1　抖音美食短片生成效果演示

抖音美食短片一般时长较短，能够快速吸引观众的注意力，并清晰地展示美食的制作过程和成品效果。该类视频常常运用高质量的摄影技术和精美的后期编辑，使得美食看起来更加诱人，给观众带来强烈的视觉冲击。本节我们将为创作者展示 Pika 生成的抖音美食短片，具体操作步骤如下。

1. 牛排生成效果演示

生成一个冒着热气的美味牛排，具体操作技巧与效果如下。

01 描述提示词：熟牛排冒烟、调味料满天飞。

02 参数提示词：摄像机参数——镜头向左平移；运动强度参数——1；负提示参数——扭曲、变形；与文本的一致性参数——7。

03 参考图如图 4-1 所示。

图 4-1　牛排参考图

04 完整提示词：The cooked steak is smoking, and seasonings are flying everywhere, --pan left --Strength of motion 1 --Negative prompt, Twist, deform --Consistency with the text 7。

05 生成视频效果如图 4-2 所示。

图 4-2　牛排视频效果图

2. 汉堡生成效果演示

生成一个到处都是调味料的汉堡，具体操作技巧与效果如下。

01 描述提示词：调味料到处都是。

02 参数提示词：摄像机参数——镜头向左上平移；运动强度参数——1；负提示参数——扭曲、变形；与文本的一致性参数——7。

03 参考图如图 4-3 所示。

04 完整提示词：Seasonings are flying everywhere --pan left up --Strength of motion 1 --Negative prompt, Twist, deform --Consistency with the text 7。

图 4-3　汉堡参考图

05 生成视频效果如图 4-4 所示。

图 4-4　汉堡视频效果图

3. 掉落的牛排生成效果演示

生成一个从天而降的美味牛排，具体操作技巧与效果如下。

01 描述提示词：前景是一块牛排、背景是一块黑色的窗帘、牛排从上面掉下来。

02 参数提示词：摄像机参数——镜头放大；运动强度参数——2；负提示参数——扭曲、变形；与文本一致性参数——5。

03 参考图如图 4-5 所示。

图 4-5　掉落的牛排参考图

04 完整提示词：The foreground is a piece of steak，and the background is a black curtain，with the steak falling from above. --zoom in --Strength of motion 2 --Negative prompt，Twist，deform --Consistency with the text 5。

05 生成视频效果如图 4-6 所示。

图 4-6　掉落的牛排视频效果图

06 不添加参考图，生成视频效果如图 4-7 所示。

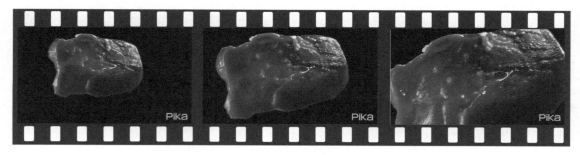

图 4-7　无参考图生成视频效果

4. 烟雾缭绕的汉堡生成效果演示

生成一个烟雾缭绕的美味汉堡，具体操作技巧与效果如下。

01 描述提示词：火焰燃烧、烟雾。

02 参数提示词：运动强度参数——2；负提示参数——扭曲、变形；与文本一致性参数——7。

03 参考图如图4-8所示。

图 4-8　烟雾缭绕的汉堡参考图

04 完整提示词：flame burning，smoke，--Strength of motion 2 --Negative prompt，Twist，deform--Consistency with the text 7。

05 添加"向上"摄像机参数，生成视频效果如图4-9所示。

图 4-9　"向上"镜头移动视频效果图

06 将摄像机参数调整为"向左"，生成视频效果如图4-10所示。

图 4-10　"向左"镜头移动视频效果图

5. 在桌上的汉堡生成效果演示

生成木桌上超现实主义的美味汉堡，具体操作技巧与效果如下。

01 描述提示词：汉堡放在一张木桌上、背景上的火、烟雾、大炮、火花、超现实主义绘画概念艺术。

02 参数提示词：运动强度参数——1；负提示参数——扭曲、变形；与文本一致性参数——7。

03 参考图如图 4-11 所示。

图 4-11　木桌上的汉堡参考图

04 完整提示词：Hamburg lies on a wooden table, with fire, smoke, cannons, sparks in the background, creating surrealist painting concepts. --Strength of motion 1 --Negative prompt, Twist, deform --Consistency with the text 7。

05 生成视频效果如图 4-12 所示。

图 4-12　木桌上的汉堡视频效果图

4.2.2　抖音舞蹈短片生成效果演示

抖音舞蹈短片的特点主要包括节奏明快、类型多样、视觉冲击力强、故事性强等特点。该类视频往往节奏紧凑，动作简洁有力，易于记忆和模仿，符合短视频的特性，能在短时间内吸引观众的注意力。本节我们将为创作者展示 Pika 生成的抖音舞蹈短片，具体操作步骤如下。

1. 女孩跳舞视频生成效果演示

生成一个女孩在现代城市街道上跳舞的视频，具体操作技巧与效果如下。

01 描述提示词：一个女孩在现代城市的街道上雨中跳舞、8k（高清）艺术摄影、逼真的概念艺术、电影般的完美光线。

02 参考图如图 4-13 所示。

图 4-13　女孩跳舞参考图

03 完整提示词：A girl dancing in the rain on the streets of a modern city，8k art photography，realistic conceptual art，and cinematic perfect lighting。

04 生成视频效果如图 4-14 所示。

图 4-14　女孩跳舞视频效果图

05 更改参考图并调整摄像机参数为"放大"镜头，参考图如图 4-15 所示。

图 4-15　更改新的参考图

06 生成新的视频效果如图 4-16 所示。

图 4-16　新参考图生成视频效果展示

2. 女孩在烟雾前跳舞视频生成效果演示

生成一个在烟雾前旋转身体跳舞的女孩，具体操作技巧与效果如下。

01 描述提示词：一个女孩旋转着她的身体、跳舞、旋转着、背景是升起的烟雾。

02 参考视频如图 4-17 所示。

图 4-17　女孩在烟雾前跳舞参考视频

03 完整提示词：A girl twirling her body，dancing，spinning around，with rising smoke in the background。

04 生成视频效果如图 4-18 所示。

图 4-18　女孩在烟雾前跳舞视频效果图

05 在描述词中将"背景是升起的烟雾"删除，生成视频效果如图 4-19 所示。

图 4-19　女孩跳舞视频效果图

4.2.3　视频号旅行短片生成效果演示

　　视频号旅行短片通常会使用高质量的摄影画面技术，使用独特的视角记录精彩瞬间，为了展现目的地美丽景色和文化特色，引发观众的向往，通常会包含目的地特色美食、民俗文化、历史遗迹等内容。本节我们将为创作者展示 Pika 生成的视频号旅行短片，具体操作步骤如下。

　　1. 行走的男子短片生成效果演示

　　生成一名在森林中行走的男子，具体操作技巧与效果如下。

　　01　描述提示词：从飞机上拍摄的视频、向前移动、一名男子在森林中行走。

　　02　参数提示词：摄像机参数——镜头向上平移、放大；运动强度参数——2；负提示参数——扭曲、变形、多只手臂；与文本一致性参数——8。

　　03　参考图如图 4-20 所示。

图 4-20　行走的男子参考图

04 完整提示词: video take from a plane, moving forward, a man is walking in the forest--PAN up, zoom in--Strength of motion2 --Consistency with the text 8--Negative prompt distorted, deformed, multiple arms。

05 生成视频效果如图 4-21 所示。

图 4-21　行走的男子视频效果图

2. 行走的女人短片生成效果演示

生成一个拉着行李箱走在地铁站的女人,具体操作技巧与效果如下。

01 描述提示词: 电影中、一个带着行李箱的女人走在地铁站旁边、跟着地铁站里的女人、从后面 POV (视点人物写作手法)。

02 参数提示词: 摄像机参数——镜头放大; 运动强度参数——2; 负提示参数——扭曲、变形、多只手臂; 与文本一致性参数——8。

03 参考图如图 4-22 所示。

图 4-22　行走的女人参考图

04 完整提示词: cinematic, a woman with suitcases walking next to the Underground station, follow the woman in the Underground station, POV from behind --zoom in--Strength of motion2 --Consistency with the text 8--Negative prompt distorted, deformed, multiple arms。

05 生成视频效果如图 4-23 所示。

图 4-23　行走的女人视频效果图

06 增加运动强度参数。

07 生成视频效果如图 4-24 所示。

图 4-24　调整参数后的视频效果图

3. 男超模短片生成效果演示

生成一个坐在加拿大森林里穿着毛衣的男超模，具体操作技巧与效果如下。

01 描述提示词：一个穿着毛衣的男超模、坐在加拿大的森林里、面部特写、高质量、超详细、8k、杰作。

02 参数提示词：运动强度参数——2；负提示参数——扭曲、变形，多只手臂；与文本一致性参数——8。

03 参考图如图 4-25 所示。

图 4-25　男超模参考图

04 完整提示词：a male supermodel wearing a sweater，sit in a Canadian forest，face close-up，High quality，super detailed，8k，masterpiece --Strength of motion2 --Consistency with the text 8--Negative prompt distorted，deformed，multiple arms。

05 生成视频效果如图 4-26 所示。

图 4-26　男超模视频效果图

06 添加"说话"的提示词指令。

07 生成视频效果如图 4-27 所示。

图 4-27　说话的男超模视频效果图

08 将摄像机参数调整为"缩小"镜头。

09 生成视频效果如图 4-28 所示。

图 4-28　拉镜头后的视频效果图

4.2.4 视频号汽车短片生成效果演示

汽车短片通常会突出展示汽车的主要特点，如车型、外观、动力、安全性等，以吸引观众的注意力，往往通过描绘特定车型和使用情境时的状况、特点来引发消费者产生共鸣，进一步激发他们的购买欲望。本节我们将为创作者展示 Pika 生成的视频号汽车短片，具体操作步骤如下。

1. 汽车漂移视频生成效果演示

生成一个红色汽车在道路上漂移的视频，具体操作技巧与效果如下。

`01` 描述提示词：一辆被漆成淡红色的强大肌肉车在尘土飞扬的道路上陷入了动态漂移。司机注意力集中，熟练地驾驶汽车，因为汽车掀起了一团灰尘和烟雾。场景设置在一个不起眼的地方，有城市衰败的迹象，暗示着一个原始的、未经修饰的场景，与汽车运动的原始力量和侵略性相得益彰。

`02` 参数提示词：运动强度——1；与文本一致性——8。

`03` 完整提示词：A powerful muscle car painted a faded red is caught in a dynamic drift on a dusty road. The driver is focused, handling the car with skill as it kicks up a cloud of dust and smoke. The scene is set in a nondescript location with signs of urban decay, suggesting a raw, unrefined setting that complements the raw power and aggression of the car's movement. --Strength of motion1 --Consistency with the text 8。

`04` 生成视频效果如图 4-29 所示。

图 4-29　汽车漂移视频效果图

`05` 将摄像机参数调整为"缩小"镜头。

`06` 生成视频效果如图 4-30 所示。

图 4-30 拉镜头后汽车漂移视频效果图

07 将描述提示词参数调整为"汽车正面"。

08 生成视频效果如图 4-31 所示。

图 4-31 汽车正面漂移视频效果图

2. 跑车特写视频生成效果演示

生成在电影里一辆跑车在公路上急速行驶的视频,具体操作技巧与效果如下。

01 描述提示词:电影、一辆跑车在高速公路上行驶、在高速公路上跟着车、从后面 POV。

02 参数提示词:摄像机参数——镜头向左平移;运动强度参数——2;负提示参数——扭曲、变形;与文本一致性参数——8。

03 参考图如图 4-32 所示。

图 4-32 跑车特写参考图

04 完整提示词：cinematic，A sports car is driving on the highway，follow the car on the highway，POV from behind--zoom in pan left --Strength of motion2 --Consistency with the text 8--Negative prompt distorted，deformed。

05 生成视频效果如图 4-33 所示。

图 4-33　跑车特写视频效果图

3. 跑车行驶视频生成效果演示

生成一辆跑车在高速公路上行驶的视频，具体操作技巧与效果如下。

01 描述提示词：电影、一辆跑车在高速公路上行驶、在高速公路上跟着车。

02 参数提示词：摄像机参数——镜头向左平移；运动强度参数——2；负提示参数——失真、变形；与文本一致性参数——8。

03 参考图如图 4-34 所示。

图 4-34　跑车行驶的参考图

04 完整提示词：cinematic，A sports car is driving on the highway，follow the car on the high-way-- pan left --Strength of motion2 --Consistency with the text 8--Negative prompt distorted，deformed。

05 生成视频效果如图 4-35 所示。

图 4-35　跑车行驶的视频效果图

4.2.5　小红书美妆短片生成效果演示

小红书美妆短片视频主要具有真实性和详细性等特点，视频通常会详细展示产品的多个方面，如成分、功效、使用方法、价格或产品在不同场合的使用效果等，帮助观众更加全面了解产品。本节我们将为创作者展示 Pika 生成的小红书美妆短片，具体操作步骤如下。

1. 化妆包短片生成效果演示

生成一个粉色的化妆包里边装着各种各样化妆品的视频，具体操作技巧与效果如下。

01 描述提示词：一个粉色化妆包、粉色粉彩背景上有美容化妆品。

02 参数提示词：摄像机参数——围绕物体、顺时针旋转；运动强度参数——2；负提示参数——扭曲、变形；与文本一致性参数——8。

03 参考图，如图 4-36 所示。

图 4-36　化妆包参考图

04 完整提示词：A pink makeup bag with cosmetic beauty products on pink pastel background. Camera lens surrounds the object-- Clockwise --Strength of motion2 --Consistency with the text 8-- Negative prompt distorted，deformed。

05 生成视频效果如图 4-37 所示。

图 4-37　化妆包视频效果图

06 将摄像机参数调整为"放大"镜头。

07 生成视频效果如图 4-38 所示。

图 4-38　推镜头后化妆包视频效果图

08 将镜头参数调整为"缩小"镜头。

09 生成视频效果如图 4-39 所示。

图 4-39　拉镜头后化妆包视频效果图

2. 睫毛膏短片生成效果演示

生成一个有着现代包装设计的睫毛膏模型视频，具体操作技巧与效果如下。

01 描述提示词：简单、真实照片、睫毛膏模型、现代包装设计。

02 参数提示词：摄像机参数——围绕物体、顺时针旋转；运动强度参数——2；负提示参数——扭曲、变形；与文本一致性参数——8。

03 参考图如图 4-40 所示。

图 4-40　睫毛膏模型参考图

04 完整提示词：single，real photo，mascara mockup，modern package design. Camera lens surrounds the object-- Clockwise --Strength of motion2 --Consistency with the text 8--Negative prompt distorted，deformed。

05 生成视频效果如图 4-41 所示。

图 4-41　睫毛膏模型视频效果图

4.2.6　小红书宠物短片生成效果演示

小红书宠物短片视频的特点主要体现在互动性，短片视频中通常会有互动环节，通过分享宠物的成长过程、趣事、感人瞬间等内容，来引发观众的情感共鸣，从而增强他们对养宠的兴趣和热情。本节我们将为创作者展示 Pika 生成的小红书宠物短片，具体操作步骤如下。

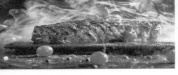

1. 女孩和小狗视频效果演示

生成一个中国女孩在花园里和小狗玩耍的视频，具体操作技巧与效果如下。

01 描述提示词：电影、微距拍摄、靠近镜头、一个中国女孩在花园里和小狗玩耍。

02 参数提示词：摄像机参数——逆时针旋转；运动强度——1；负提示参数——扭曲、变形；与文本一致性参数——5。

03 参考图如图 4-42 所示。

图 4-42　女孩和小狗参考图

04 完整提示词：Cinematic，macro shot，close to camera，a Chinese girl playing with a puppy dogs in the garden，-- ccw --Strength of motion1 --Consistency with the text 5--Negative prompt Character distorted，deformed。

05 生成视频效果如图 4-43 所示。

图 4-43　女孩和小狗视频效果图

2. 女孩和小狗特写视频效果演示

生成在一部电影里中国女孩在花园里和小狗玩耍的视频，具体操作技巧与效果如下。

01 描述提示词：电影、微距拍摄、靠近镜头、一个中国女孩在花园里和小狗玩耍。

02 参数提示词：摄像机参数——镜头缩小；运动强度参数——2；负提示参数——扭曲、变形；与文本一致性参数——8。

03 参考图如图 4-44 所示。

图 4-44 中国女孩和小狗特写参考图

04 完整提示词：Cinematic，macro shot，close to camera，a Chinese girl playing with a puppy dogs in the garden，-- zoom out --Strength of motion2 --Consistency with the text 8--Negative prompt Character distorted，deformed。

05 生成视频效果如图 4-45 所示。

图 4-45 中国女孩和小狗特写视频效果图

3. 女孩抱着猫的视频效果演示

生成一个中国女孩在卧室里抱着猫微笑的视频，具体操作技巧与效果如下。

01 描述提示词：电影、一个中国女孩在卧室里、抱着一只猫微笑、温暖的灯光和轮廓的光芒。

02 参数提示词：摄像机参数——镜头放大；运动强度参数——2；负提示参数——扭曲、变形；与文本一致性参数——8。

03 参考图如图 4-46 所示。

04 完整提示词：Cinematic，A Chinese girl in her bedroom，holding a cat and smiling，with warm lighting and an outline glow，-- zoom in --Strength of motion2 --Consistency with the text 8--Negative prompt Character distorted，deformed。

图 4-46　女孩抱着猫参考图

05 生成视频效果如图 4-47 所示。

图 4-47　女孩抱着猫视频效果图

4.2.7　西瓜视频农作物生产短片生成效果演示

农业生产短视频通常会用来详细展示农作物的种类、种植技术、加工方法等信息，分享农作物的种植小技巧和注意事项等内容，帮助观众全面了解农作物的品种、生产过程及相关知识。在本节中，我们将为创作者展示 Pika 生成的西瓜视频农作物短片，具体操作步骤如下。

1. 农作物短片生成效果演示

生成在木制讲台上有各种各样农作物的视频，具体操作技巧与效果如下。

01 描述提示词：在前景的木制讲台上、黑色小 Doypack（自立袋）包装、背景是红色辣椒、杏仁配辣椒酱、干绿色香草、蔬菜、木碗配杏仁。

02 参数提示词：摄像机参数——镜头放大；运动强度参数——1；负提示参数——扭曲、变形；与文本一致性参数——8。

03 参考图如图 4-48 所示。

04 完整提示词：in the foreground wooden podium with black small doypack packaging, background red chilli peppers, almonds with chilli sauce, dry green herbs, vegetables, wooden bowl with almonds, --zoom in --Strength of motion1 --Consistency with the text 8--Negative prompt distorted, deformed.

图 4-48　农作物参考图

<u>05</u>　生成视频效果如图 4-49 所示。

图 4-49　农作物视频效果图

2. 稻穗短片生成效果演示

生成稻穗在风中摇摆的视频,具体操作技巧与效果如下。

<u>01</u>　描述提示词:稻穗是风中的波浪。

<u>02</u>　参数提示词:运动强度参数——1;负提示参数——扭曲、变形;与文本一致性参数——10。

<u>03</u>　参考图如图 4-50 所示。

图 4-50　稻穗参考图

04 完整提示词：the rice ears is wave in the wind--Strength of motion1 --Consistency with the text 10--Negative prompt distorted，deformed。

05 生成视频效果如图 4-51 所示。

图 4-51　稻穗视频效果图

4.2.8　哔哩哔哩学习短片生成效果演示

学习短片通常有便捷、专业性等特点，体现在场景、内容等多个方面。本节我们将为创作者展示 Pika 生成的哔哩哔哩学习短片，具体操作步骤如下。

1. 图书视频生成效果演示

生成在图书馆里的木桌上放着一本书的视频，具体操作技巧与效果如下。

01 描述提示词：相机特写、木桌上的一本书、背景中的图书馆和书架。

02 参数提示词：摄像机参数——镜头放大；运动强度参数——2；负提示参数——扭曲、变形；与文本的一致性参数——8。

03 参考图如图 4-52 所示。

图 4-52　图书参考图

04 完整提示词：camera close-up，a book on a wooden desk，a library and bookshelves in the background，-- zoom in --Strength of motion2 --Consistency with the text 8--Negative prompt distorted，deformed。

05 生成视频效果如图 4-53 所示。

图 4-53　图书视频效果图

2. 学生在教室视频生成效果演示

生成中国学生坐在明亮的教室里学习的视频，具体操作技巧与效果如下。

01　描述提示词：一群中国学生坐在明亮的教室里、眨眼、说话。

02　参数提示词：摄像机参数——镜头放大；运动强度参数——1；负提示参数——扭曲、变形；与文本的一致性参数——8。

03　参考图如图 4-54 所示。

图 4-54　学生在教室参考图

04　完整提示词

a group of chinese students sit In a bright classroom, blink, speaking -- zoom in --Strength of motion1 --Consistency with the text 8--Negative prompt distorted, deformed.

05　生成视频效果如图 4-55 所示。

图 4-55　学生在教室视频效果图

4.3 Pika 生成热点元素视频实例效果

除了前面讲述的 Pika 在各大平台生成的视频短片效果之外，其自制的热点元素视频也可谓是让人眼前一亮。本节我们将从新国风、戏剧化、超现实这三个方面展示 Pika 生成的视频效果图。

4.3.1 新国风元素视频生成效果演示

新国风是一种融合了现代元素和传统元素的艺术风格，它以现代的审美需求去营造传统的韵味。本小节让我们一起来看看 Pika 生成的新国风视频效果。

1. 男子侧脸视频生成效果演示

生成一个具有国风元素的视频，具体操作步骤如下。注意，本案例不用"描述提示词"生成的视频即可达到满意效果，因此省略"描述提示词"，以下均同。提示，添加"描述提示词"生成的画面相对更稳定；而忽略"描述提示词"则可以给 AI 更多自由发挥的空间。

01 参数提示词：摄像机参数——镜头缩小、镜头向左平移；运动强度参数——2；负提示参数——失真、变形；与文本的一致性参数——10。

02 参考图如图 4-56 所示。

图 4-56　男子侧脸参考图

03 完整提示词：-- zoom out pan left --Strength of motion2 --Consistency with the text 10--Negative prompt distorted，deformed。

04 生成视频效果如图 4-57 所示。

2. 男子挥刀视频生成效果演示

生成一个具有新国风风格的英俊男子挥刀视频，具体操作步骤如下。

01 描述提示词：古代中国英俊男子、黑色头发、在战斗中、动态姿势、挥舞砍刀。

02 参数提示词：摄像机参数——镜头缩小；运动强度参数——2；负提示参数——扭曲、变形；与文本的一致性参数——10。

图 4-57　男子侧脸视频效果图

03 参考图如图 4-58 所示。

图 4-58　男子挥刀参考图

04 完整提示词：ancient china handsome man，black hair，in battle，dynamic pose，waving a machete，-- zoom out --Strength of motion2 --Consistency with the text 10--Negative prompt distorted，deformed。

05 生成视频效果如图 4-59 所示。

3. 男子背影视频生成效果演示

生成一个具有新国风风格的视频短片，具体操作步骤如下。

图 4-59　男子挥刀视频效果图

01　参数提示词：摄像机参数——镜头放大、镜头向右平移；运动强度参数——2；负提示参数——扭曲、变形；与文本的一致性参数——10。

02　参考图如图 4-60 所示。

图 4-60　男子背影参考图

03　完整提示词：-- zoom in pan right --Strength of motion2 --Consistency with the text 10--Negative prompt distorted，deformed。

04　生成视频效果如图 4-61 所示。

图 4-61　男子背影视频效果图

4.3.2　戏剧化元素剧情生成效果演示

戏剧化视频的制作技巧和特点主要体现在对故事线的构建、角色的塑造、戏剧化元素的搭配以及视觉效果的运用等方面。本节让我们一起来看看 Pika 生成的戏剧化视频效果。

1. 女士站在楼宇前视频生成效果演示

生成一个身着华丽的女士站在古城堡前与闪电交织的视频，具体操作步骤如下。

01 描述提示词：在一座古堡的废墟中、一位身着华丽服饰的女士、夜幕降临、暴风雨般的天空、与闪电交织在一起。

02 参数提示词：运动强度参数——2；负提示参数——扭曲、变形；与文本的一致性参数——10。

03 参考图如图 4-62 所示。

图 4-62　女士站在楼宇前参考图

04 完整提示词：In the ruins of an ancient castle, a lady dressed in splendid attire . Night falls, and the stormy sky, interwoven with lightning--Strength of motion2 --Consistency with the text 10--Negative prompt distorted，deformed。

05 生成视频效果如图 4-63 所示。

图 4-63　女士站在楼宇前视频效果图

2. 身着华丽服饰的女士视频生成效果演示

01 描述提示词：在一座古堡的废墟中、一位身着华丽服饰的女士、夜幕降临、暴风雨般的天空、与闪电交织在一起。

02 参数提示词：摄像机参数——镜头放大；运动强度参数——2；负提示参数——扭曲、变形；与文本的一致性参数——10。

03 参考图如图 4-64 所示。

图 4-64　身着华丽服饰的女士参考图

04 完整提示词：In the ruins of an ancient castle，a lady dressed in splendid attire．Night falls，and the stormy sky，interwoven with lightning--zoom in --Strength of motion2 --Consistency with the text 10--Negative prompt distorted，deformed。

05 生成视频效果如图 4-65 所示。

图 4-65　身着华丽服饰的女士视频效果图

4.3.3　超现实元素短片生成效果演示

超现实短片是一种独特的艺术表现形式，它突破实际已有的现实观，彻底放弃以逻辑和有序经验记忆为基础的现实形象。本节让我们一起来看看 Pika 生成的超现实元素短片视频。

1. 士兵视频生成效果演示

生成一个士兵站在废墟上的视频，具体操作步骤如下。

01 描述提示词：超现实主义元素风格、从后面看、一名士兵站在废墟上、远处、黑烟从废墟中升起、天空是暗淡的灰色、阳光穿透乌云照射到士兵身上、创造出上帝的光芒、灰尘漂浮在天空中。

02 参数提示词：摄像机参数——镜头向上平移；运动强度参数——2；负提示参数——扭曲、变形；与文本的一致性参数——10。

03 参考图如图 4-66 所示。

图 4-66　士兵参考图

04 完整提示词：Surrealist element style, A soldier stands on the ruins, seen from the back. In the distance, black smoke rises from the ruins. The sky is a dim gray, with sunlight piercing through black clouds onto the soldier, creating God rays. Dust floats in the sky, --pan up --Strength of motion2 --Consistency with the text 10--Negative prompt distorted, deformed。

05 生成视频效果如图 4-67 所示。

图 4-67　士兵视频效果图

2. 患者视频生成效果演示

生成一个身穿医院白色长袍的患者躺在床上，而周围全部都是小花的视频，具体操作步骤

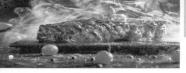

如下。

01 描述提示词：超现实主义元素风格、鸟瞰图中、一位身穿白色医院长袍的患者躺在床上、周围是五颜六色的小花。

02 参数提示词：摄像机参数——镜头向上平移；运动强度参数——2；负提示参数——扭曲、变形；与文本的一致性参数——10。

03 参考图如图 4-68 所示。

图 4-68　患者参考图

04 完整提示词：Surrealist element style，From a bird's-eye view，a patient in a white hospital gown lies on a bed，surrounded by colorful small flowers. --pan up --Strength of motion2 --Consistency with the text 10--Negative prompt distorted，deformed。

05 生成视频效果如图 4-69 所示。

图 4-69　患者视频效果图

4.4　Pika 无限内容生成实例效果

Pika 的一大优点在于可以无限生成视频，在原视频右下角可以通过单击添加秒数，即可延长视频，也可以根据图文描述进行无限内容扩展。下面我们将从统一风格短视频和连续短视频

两个角度来看 Pika 在无限内容生成方面的视频效果。

4.4.1　统一风格短视频生成效果演示

本节我们将为大家展示 Pika 无限内容生成在统一风格短视频方面的应用效果。你将看到多个视频在视觉风格、内容、封面等多方面的统一,感受视频的整体感和强吸引力。

1. 农夫视频生成效果演示

生成一个农夫在稻穗里的视频,具体操作步骤如下。

01 描述提示词:农夫看了看面前的稻穗、举起手来。

02 参数提示词:摄像机参数——镜头放大、镜头向左平移;运动强度参数——1;负提示参数——扭曲、变形;与文本的一致性参数——8。

03 参考图如图 4-70 所示。

图 4-70　农夫参考图

04 完整提示词:The farmer looks at the rice ears in front of him and raises his hand, --zoom in pan left --Strength of motion1 --Consistency with the text 8--Negative prompt distorted, deformed。

05 生成视频效果如图 4-71 所示。

图 4-71　农夫视频效果图

2. 农夫看着稻穗的视频生成效果演示

生成一个农夫看了看眼前稻穗的视频，具体操作技巧与效果如下。

[01] 描述提示词：农夫看了看面前的稻穗。

[02] 参数提示词：摄像机参数——镜头放大、镜头向左平移；运动强度参数——1；负提示参数——扭曲、变形；与文本的一致性参数——8。

[03] 参考图如图 4-72 所示。

图 4-72　农夫看着稻穗参考图

[04] 完整提示词：The farmer looks at the rice ears in front of him，--zoom in pan left --Strength of motion1 --Consistency with the text 10--Negative prompt distorted，deformed。

[05] 生成视频效果如图 4-73 所示。

图 4-73　农夫看着稻穗视频效果图

4.4.2　连续短视频剧情生成效果演示

本节我们将为大家展示 Pika 无限内容生成在连续短视频剧情方面的应用效果。连续短视频是一种时长较短、内容精炼、易于传播的视频形式，需要在有限的时间内传达信息或故事，因此内容需要高度精炼和聚焦，同时也要注重视觉效果和互动性，以吸引观众的注意力。

1. 特种兵视频生成效果效果演示

生成一个具有连续短视频剧情的视频，具体操作步骤如下。

01 参数提示词：摄像机参数——镜头向左平移；运动强度参数——2；负提示参数——扭曲，变形；与文本的一致性参数——10。

02 参考图如图 4-74 所示。

图 4-74　特种兵参考图

03 完整提示词：--pan left --Strength of motion2 --Consistency with the text 10--Negative prompt distorted，deformed。

04 生成视频效果如图 4-75 所示。

图 4-75　特种兵短视频效果图

2. 妇女抱着婴儿的视频生成效果演示

生成一个妇女抱着婴儿站在倒塌房子前的视频，具体操作步骤如下。

01 描述提示词：一位妇女抱着一个婴儿站在倒塌的房子前、婴儿襁褓在她的怀里。

02 参数提示词：运动强度参数——1；负提示参数——扭曲、变形；与文本的一致性参数——10。

03 参考图如图 4-76 所示。

图 4-76　妇女抱着婴儿参考图

04　完整提示词：a woman holding a baby standing in front of a collapsed house，the baby swaddled in her arms. --Strength of motion1 --Consistency with the text 10--Negative prompt distorted，deformed。

05　生成视频效果如图 4-77 所示。

图 4-77　妇女抱着婴儿的短视频效果图

06　更换参考图，如图 4-78 所示。注意，两张图片涉及类似情境，因此相关提示词不变，类似情况以下均同。

图 4-78　妇女背影参考图

07 再次生成视频,效果如图 4-79 所示。

图 4-79　妇女背影短视频效果图

第5章

Pika对广告领域的颠覆

Pika 深刻地改变着广告行业，包括广告的创作和传播方式，甚至是广告的商业模式等。本章让我们一起来看看 Pika 对于广告领域的颠覆性影响。

为了带给读者更好的观感，案例章节会配备生成视频的二维码，可以按图像编号查看案例视频。

5.1　Pika 在广告领域的应用技巧

Pika 如何改变着广告领域？在广告领域又有什么应用技巧呢？本节让我们一起来详细学习 Pika 在广告领域的应用技巧。

5.1.1　图片生成动态海报

Pika 生成的动态海报可以通过动态的形式展现信息，使得信息的传达更具吸引力和生动性，从而提高信息的传达效果。

在设计的整个过程中，Pika 可以自动修复图像中的缺陷、调整色彩和对比度，并根据创作者的要求进行自动剪裁和调整大小，完成海报的高效制作。

传统海报设计通常由设计师手动完成，需要其具备一定的设计技巧和创意思维。而 Pika 可以根据用户的需求自动生成带有相关设计元素的动态海报，从而减轻其工作量。

Pika 生成的动态海报与传统海报相比，不仅可以提高设计效率，还可以提供更具吸引力和创新性的效果。因此，图片生成动态海报在广告领域非常的实用。下面让我们一起来看看用 Pika 进行图片生成动态海报时的注意事项与示例效果图。

1. 基本制作步骤

基本制作步骤如下。

1）确定主题和目标受众：明确海报要传达的信息；理解目标受众的偏好和兴趣。

2）策划内容和设计概念：设计一个创意概念，使其与品牌形象和信息相符合；考虑动画中将使用的元素（如文字、图片、动画和音乐）。比如在当前海报想表达春分或者关于春天活动的信息，画面将添加春天的元素（如桃花、绿叶、燕子等），文字将添加与春天相关的句子或者广

告词，BGM 选择欢快、愉悦的曲子，符合万物复苏的景象。

3）素材收集和制作：使用 MD 或者 SD 按照要求生成图片，再使用图生视频 AI 工具 Pika 进行动效转换，最后使用专业的设计软件（如 Adobe Photoshop 和 Adobe After Effects）进行文字添加或者动效改变。

4）动画和布局设计：提前在脑海构思并设计动画流程，确保动画平滑且吸引人；画面需要简洁但不简单，始终贴合海报主体；在生成图片时应当确保不出现过多复杂且运动幅度大的画面，保证画面有留白的地方，以供文字的放置。

5）加入文本和声音：选择适当的字体和大小，确保文本易于阅读；如果需要，加入背景音乐或声效；音效或者 BGM 需要简短且不起伏，符合动态海报主题特色。

2. 基本制作技巧

基本制作技巧如下。

1）素材灵感来源：可以在网站（如 Unsplash、Pixabay）寻找素材进行灵感扩充。

2）动画设计：保持动画简洁，避免过多复杂的动效；动画应与信息传递有良好的协同效应。

3）色彩和字体：使用符合品牌形象的色彩方案；选择易于阅读的字体。

4）信息传递：确保主要信息一目了然；避免信息过载，保持清晰和简洁。

5）适应性和可访问性：确保海报在不同设备和平台上均有良好的显示效果；考虑视觉障碍人士的可访问性。

6）合理利用技术工具：利用 AVClabs、DVDfab 等专业软件的先进功能提升画面质量。

3. 相机参数技巧

相机参数技巧如下。

1）相机参数的调节应当避免幅度过大，因此在动作控制按钮那里的调节就需要将值设置得小一点，在文本依附值按钮调节到 8～10 是相对的最佳值。

2）合理利用好相机的移动功能，向画面留白相反的地方进行移动会有一个不错的效果，在遇到固定机位画面时，相机不进行移动会带来不错的效果。

4. 花朵海报生成效果演示

生成一张关于风中摇曳的花朵海报，具体操作步骤如下。

01 描述提示词：风中摇曳的花朵。

02 参数提示词：运动强度参数——2；负提示参数——扭曲、变形；与文本的一致性参数——10。

03 参考图如图 5-1 所示。

04 完整提示词：flowers swaying in the wind--Strength of motion2 --Consistency with the text 10--Negative prompt distorted，deformed。

图 5-1　花朵参考图

05 生成视频效果如图 5-2 所示。

图 5-2　花朵视频效果图

06 加动态文字后的视频效果如图 5-3 所示。

图 5-3　加动态文字后的视频效果图

5. 风景视频生成效果演示

生成一张关于鸟在空中飞、鸭子在河里游的风景动态海报，具体操作步骤如下。

01 描述提示词：鸟飞过天空、河流在流动、鸭子在河上游动。

02 参数提示词：摄像机参数——镜头；运动强度参数——2；负提示参数——扭曲、变形；与文本的一致性参数——12。

03 参考图如图 5-4 所示。

图 5-4　风景参考图

04 完整提示词：Birds fly across the sky，the river is flowing，Ducks flowing on the river--Strength of motion2 --Consistency with the text 12--Negative prompt distorted，deformed。

05 生成视频效果如图5-5所示。

图 5-5　风景视频效果图

06 加动态文字后的视频效果如图5-6所示。

图 5-6　加动态文字后的视频效果图

5.1.2　Pika 生成产品宣传片

Pika除了生成动态海报，还能生成产品宣传片。Pika 生成的产品宣传片与其他传统宣传片相比，具有以下几点优势。

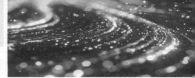

- 制作方式：传统宣传片的制作团队通常由专业的导演、编剧和摄影师等人员组成，需要进行大量的拍摄和后期制作工作。而 Pika 生成产品宣传片则可以通过计算机视觉、自然语言处理和机器学习等技术，自动生成高质量的产品宣传片。

- 创意和创新性：一般宣传片的创意和创新性主要取决于导演和编剧的想象力和创造力。而 Pika 生成产品宣传片则可以通过算法和模型，自动生成具有创意和创新性的宣传片，从而提高宣传片的吸引力和影响力。

- 制作效率：传统宣传片的制作周期较长，需要进行大量的拍摄和后期制作工作。Pika 生成的产品宣传片则可以在短时间内完成高质量的宣传片制作，从而提高制作效率。

- 个性化定制：Pika 可以通过算法和模型，自动生成符合不同受众和市场需求的个性化产品宣传片，从而提高宣传片的针对性和效果。

1. 设计步骤

具体设计步骤如下。

1）了解产品和目标市场：研究产品的特点、优势和目标受众；理解目标市场的需求和偏好。

2）确定宣传信息和目标：明确通过宣传片传达的主要信息和目标；确定要突出的产品特点或卖点。

3）选择素材和颜色方案：提前明确产品特点，找到相应素材进行灵感扩充；有了灵感来源后再使用 AI 生图软件进行图片生成；根据产品内容定义一个吸引目标受众的色彩方案。

4）设计布局和视觉元素：确定宣传片的版式，包括图像、文字和空白区域的排列；使用图形和其他视觉元素来增强吸引力。

5）加入文本内容：编写有说服力的标题和支持文本；确保文本清晰、简洁且易于阅读。

2. 设计技巧

具体设计技巧如下。

1）强调产品特点：突出产品的独特卖点或主要功能；确保产品主体清晰可见。

2）目标受众定位：设计应吸引目标受众，考虑他们的兴趣和偏好；使用符合目标受众审美的色彩和设计风格。

3）清晰的信息传递：保证宣传片上的信息简洁、明了；避免信息过载，让关键信息一目了然。

4）视觉吸引力：使用吸引眼球的视觉元素，如颜色对比、独特的图形设计；保持设计的一致性和专业性。

5）品牌一致性：确保宣传片设计与品牌形象和其他营销材料保持一致；使用品牌色彩、字体和标志。

6）文案重要性：使用有影响力和吸引人的文案；保持语言风格符合品牌调性。

7）适应不同媒介：设计时考虑宣传片将在哪些媒介上展示（如线上、线下、社交媒体等）；确保在不同尺寸和格式下都能保持良好的视觉效果。

3. 蓝莓美食视频生成效果演示

生成一个蓝莓甜点的美食视频，具体操作步骤如下。

01 描述提示词：蓝莓、甜点。

02 参数提示词：摄像机参数——镜头逆时针旋转；运动强度参数——1；负提示参数——扭曲、变形；与文本的一致性参数——10。

03 参考图如图 5-7 所示。

图 5-7　蓝莓美食参考图

04 完整提示词：Blueberries，desserts--acw --Strength of motion1 --Consistency with the text 10--Negative prompt distorted，deformed。

05 生成视频效果如图 5-8 所示。

图 5-8　蓝莓美食视频效果图

06 调整参考图（即调整参考图一项的参数），效果如图 5-9 所示。

图 5-9　调整参数后的蓝莓美食参考图

07 生成新的视频，效果如图 5-10 所示。

图 5-10　调整参数后的蓝莓美食视频效果图

08 再次调整参考图，效果如图 5-11 所示。

图 5-11　再次调整参数后的蓝莓美食参考图

09 生成新的视频，效果如图 5-12 所示。

图 5-12　再次调整参数后的蓝莓美食视频效果图

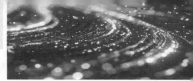

5.2　图片生成动态海报广告内容实例效果

Pika 图片生成动态海报在广告领域非常实用。利用图片生成动态海报不仅可以提高设计效率，还可以提供更具吸引力和创新性的效果。本节让我们一起来看看 Pika 进行图片生成动态海报广告内容的示例效果。

5.2.1　文本动态海报生成效果演示

在文本动态海报的设计中，最显著的特点是文字信息通常以不干扰动态画面效果为原则，出现在海报的顶部或底部，或者垂直居中排列，不会有过多复杂的装饰或夸张的字体变化。其动态视觉效果涵盖了图形设计、版式设计以及动态文字海报设计等多个方面，这使其在视觉传达设计、信息应用设计和娱乐方式设计等领域具有独特的优势。本小节让我们一起来欣赏通过 Pika 生成的文本动态海报的效果。

1. 火锅海报生成效果演示

生成一张关于火锅的动态海报，具体操作步骤如下。

01 描述提示词：一个锅里有面条汤、里面有美味的配料、香料和面条、超现实主义绘画风格、平面设计灵感的插图。

02 参数提示词：摄像机参数——镜头放大；运动强度参数——1；负提示参数——扭曲、变形；与文本的一致性参数——10。

03 参考图如图 5-13 所示。

图 5-13　火锅海报参考图

04 完整提示词：A pot of noodle soup with delicious ingredients, spices, and noodles, featuring surrealist painting style and graphic design inspired illustrations --zoom in --Strength of motion1 --Consistency with the text 10--Negative prompt distorted, deformed。

05 添加动态文字后生成最终视频，效果如图 5-14 所示。

图 5-14　添加动态文字后的火锅动态海报效果图

2. 孩子们坐在草地上的海报生成效果演示

生成一张孩子们坐在草地上大笑的动态海报，具体操作步骤如下。

01 描述提示词：坐在草地上大笑的孩子们。

02 参数提示词：摄像机参数——镜头放大；运动强度参数——1；负提示参数——扭曲、变形；与文本的一致性参数——10。

03 参考图如图 5-15 所示。

图 5-15　孩子们坐在草地上参考图

04　完整提示词：Children sitting on the grass laughing --zoom in --Strength of motion1 --Consistency with the text 10--Negative prompt distorted，deformed。

05　添加动态文字后生成最终视频，效果如图 5-16 所示。

图 5-16　添加动态文字后的海报效果图

5.2.2　开屏动态海报生成效果演示

欣赏完文本动态海报图，本小节我们将为大家展示开屏动态海报的效果图，相信独特的画面效果一定会让您眼前一亮。

开屏海报生成效果演示

生成一幅具有未来主义风格的海报插图，具体操作步骤如下。

01　描述提示词：一幅未来主义的插图。

02　参数提示词：摄像机参数——镜头逆时针旋转；运动强度参数——1；负提示参数——扭曲、变形；与文本的一致性参数——10。

03　参考图如图 5-17 所示。

04　完整提示词：A futuristic illustration --acw --Strength of motion1 --Consistency with the text 10--Negative prompt distorted，deformed。

05　生成视频效果如图 5-18 所示。

图 5-17　开屏海报参考图

图 5-18　开屏海报视频效果图

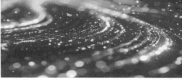

06 调整参考图，效果如图 5-19 所示。

图 5-19　调整参数的开屏海报参考图

07 生成新的视频，效果如图 5-20 所示。

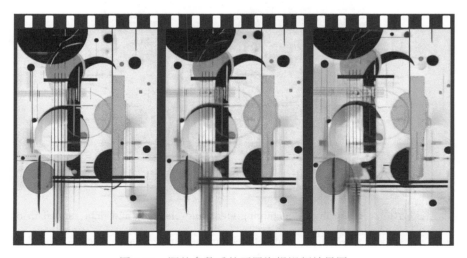

图 5-20　调整参数后的开屏海报视频效果图

5.2.3　信息流动态海报生成效果演示

　　通常在动态海报中，为了与动态画面相配合，版式都较为朴素简洁，文字信息也多以不影响动态画面效果为原则，出现在海报的顶部或底部。在信息流动动态海报中，画面流动可以极大地增加海报的信息量。本小节将为大家展示信息流动态海报的效果图。

　　1. 信息流动海报生成效果演示

　　生成一个包含电子元素和数据的城市图像，具体操作步骤如下。

　　01　描述提示词：一个包含电子元素和数据的城市图像，以橙色、海蓝色、深灰色和琥珀色，倾斜偏移，详细的建筑元素为风格。

　　02　参数提示词：摄像机参数——镜头逆时针旋转；运动强度参数——1；负提示参数——扭曲、变形；与文本的一致性参数——10。

　　03　参考图如图 5-21 所示。

图 5-21　信息流动海报参考图

　　04　完整提示词：A city image containing electronic elements and data, styled in orange, navy blue, dark gray and amber, tilted offset, and detailed architectural elements --acw --Strength of motion1 --

Consistency with the text 10--Negative prompt distorted，deformed。

05 生成视频效果如图 5-22 所示。

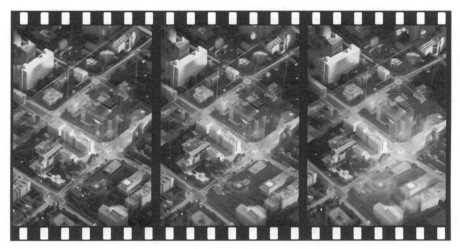

图 5-22　信息流动海报视频效果图

2. 城市街区数字海报生成效果演示

生成一张城市街区数字海报，具体操作步骤如下。

01 描述提示词：数据、可视化、一个显示城市街区数字化阴影的应用程序、带有噪音水平、空气质量、交通状况、能源消耗和废物产生的图标和标签。

02 参数提示词：摄像机参数——镜头顺时针旋转；运动强度参数——1；负提示参数——扭曲、变形；与文本的一致性参数——14。

03 参考图如图 5-23 所示。

图 5-23　城市街区数字海报参考图

04 完整提示词：Data, visualization, an application that displays digital shadows of urban blocks, icons and labels with noise levels, air quality, traffic conditions, energy consumption, and waste generation. --ccw --Strength of motion1 --Consistency with the text 14--Negative prompt distorted, deformed。

05 生成视频效果如图 5-24 所示。

图 5-24　城市街区数字海报视频效果图

5.2.4　竖屏动态海报生成效果演示

竖屏动态海报通常具有鲜艳的色彩、醒目的图像和独特的排版，其通过适当的对比度和比例，来保证广告在竖屏上的展示效果。为了提高人们的视觉舒适度，字体使用避免过大或过小，在有限的空间内清晰地传达信息。接下来就让我们一起来欣赏竖屏动态海报的效果图吧。

复古海报生成效果演示

生成一张竖屏复古海报，具体操作步骤如下。

01 描述提示词：沙漠中红色空间地图上的一个空间平面、复古海报设计的风格、丰富详细的风俗画、新地理、交叉处理/处理、我简直不敢相信这有多美、基于喷漆。

02 参数提示词：摄像机参数——镜头放大；运动强度参数——1；负提示参数——扭曲、变形；与文本的一致性参数——10。

03 参考图如图 5-25 所示。

04 完整提示词：a space plane on a red space map in the desert, in the style of vintage poster design, richly detailed genre paintings, neo-geo, cross-processing/processed, i can't believe how beautiful this is, spray-paint based--pan up --Strength of motion1 --Consistency with the text 10--Negative prompt distorted, deformed。

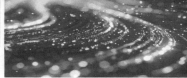

图 5-25　复古海报参考图

05 生成视频效果如图 5-26 所示。

图 5-26　复古海报视频效果图

06 调整参考图，效果如图 5-27 所示。

07 生成新的视频，效果如图 5-28 所示。

改变视频的 AI 技术：Pika 的无限创意

图 5-27　调整参数后的参考图

图 5-28　调整参考图后的海报视频效果图

5.3 Pika 生成产品宣传片广告内容实例效果

学习过 Pika 在广告领域的应用技巧后，下面我们将一起欣赏 Pika 在不同产品宣传片广告方面的视频效果。

5.3.1 电商广告宣传片生成效果演示

电商广告宣传片是企业进行品牌推广和产品宣传的主要手段之一，通过精心制作的宣传片，旨在可以提高品牌知名度和产品曝光度，从而引导消费者进行购买，提高产品的销售额。本节让我们一起来看看 Pika 生成的电商广告宣传片效果。

1. 多元素电商广告宣传片生成效果演示

生成一个具有购物车、礼物和气球等元素的电商广告宣传片，具体操作步骤如下。

01 描述提示词：购物车、里面有五颜六色的礼物和气球、深青色和浅粉色的风格、vray trace、浅黄色、浅灰色、maximist、hallyu、平凡的材料、heistcore、气球飞起来了。

02 参数提示词：摄像机参数——镜头向上；运动强度参数——1；负提示参数——扭曲、变形；与文本的一致性参数——10。

03 参考图如图 5-29 所示。

图 5-29　多元素电商广告参考图

04 完整提示词：shopping cart with colorful gifts and balloons，in the style of dark teal and light pink，vray tracing，light yellow and light gray，maximalist，hallyu，mundane materials，heistcore，Balloons fly up--pan up --Strength of motion1 --Consistency with the text 10--Negative prompt distorted，deformed。

05 生成视频效果如图 5-30 所示。

图 5-30　多元素电商广告宣传片视频效果图

2. 包含人物的电商广告宣传片生成效果演示

生成一个提着购物袋的女人看向服装店的宣传片，具体操作步骤如下。

01　描述提示词：举着购物袋的女人在店面外看的 3D 插图、彩色动画的风格。

02　参数提示词：摄像机参数——镜头放大；运动强度参数——1；负提示参数——扭曲、变形；与文本的一致性参数——10。

03　参考图如图 5-31 所示。

图 5-31　包含人物的电商广告参考图

04　完整提示词：A 3D illustration of a woman holding a shopping bag outside the store，featuring a colorful animation style --zoom in --Strength of motion1 --Consistency with the text 10--Negative prompt distorted，deformed。

05　生成视频效果如图 5-32 所示。

图 5-32   包含人物的电商广告宣传片视频效果图

5.3.2   公益广告宣传片生成效果演示

公益广告宣传片通过各类媒体传播途径，向社会传播特定信息，具有显著的社会性、目的性和教育性。其目的在于唤起人们对社会问题的关注和态度，对一些不良行为进行监督、管控和批判，引导人们积极、健康、文明的生活。

公益广告宣传片不仅可以引导人们的文明正义行为，还能塑造和传递社会的美好精神，营造良好的社会氛围。同时，它也能间接帮助一些弱势群体改善生活状况，使社会更加公平、平等。公益广告宣传片在社会中具有重要作用，能够引领社会风尚，改变人们的不良习惯，营造文明和谐的社会氛围，还能帮助企业提升形象，提高公众道德素质，推动社会和谐发展。接下来让我们一起欣赏 Pika 生成的公益广告宣传片效果。

1. 男人背影公益广告生成效果演示

生成一个男人看着摄像机的公益广告，具体操作步骤如下。

01 描述提示词：一个男人站在那里、看着摄像机、以空灵的氛围为风格、大气和忧郁的灯光、复古的电影外观、画报。

02 参数提示词：摄像机参数——镜头缩小；运动强度参数——1；负提示参数——扭曲、变形；与文本的一致性参数——10。

03 参考图如图 5-33 所示。

图 5-33   男人背影参考图

04 完整提示词：A man stood there, looking at the camera, with an ethereal atmosphere as the style, atmospheric and melancholic lighting, retro movie appearances, and illustrated posters --zoom out --Strength of motion1 --Consistency with the text 10--Negative prompt distorted, deformed。

05 生成视频效果如图 5-34 所示。

图 5-34　男人背影公益广告宣传片视频效果图

2. 拍摄公益广告宣传片生成效果演示

生成一台摄像机身后有人在拍摄的公益宣传片，具体操作步骤如下。

01 描述提示词：一台身后有人的摄像机、电影布景风格、工业摄影、工作室肖像画。

02 参数提示词：摄像机参数——镜头向右平移；运动强度参数——1；负提示参数——扭曲、变形；与文本的一致性参数——10。

03 参考图如图 5-35 所示。

图 5-35　拍摄公益广告参考图

04 完整提示词：A camera with a person behind it, with a movie setting style, industrial photography, and studio portrait painting --pan right --Strength of motion1 --Consistency with the text 10--Negative prompt distorted, deformed。

05 生成视频效果如图 5-36 所示。

图 5-36 拍摄公益广告宣传片视频效果图

5.3.3 科技广告宣传片生成效果演示

在科技广告宣传片里，展示科技实力和创新性至关重要，其中展现科技感和创意元素是关键的一环。它需要通过引人入胜的故事来讲述科技创新、产品研发以及市场应用等科技创新领域。Pika 生成的科技广告宣传片科技感十足，在本节中，让我们一起来欣赏一下 Pika 生成的科技广告宣传片的效果。

1. 科技视频墙广告宣传片生成效果演示

生成一面科技视频墙，具体操作步骤如下。

01 描述提示词：视频墙上有许多不同的视频、以碎片图标的风格、戏剧性的大气视角、倾斜移动、网站、原始文档、浅景深、概念数字艺术。

02 参数提示词：摄像机参数——镜头向右平移；运动强度参数——2；负提示参数——扭曲、变形；与文本的一致性参数——10。

03 参考图如图 5-37 所示。

图 5-37 科技视频墙参考图

04 完整提示词：There are many different videos on the video wall, with a style of fragmented icons, dramatic and atmospheric perspectives, tilted movements, websites, original documents, shallow

depth of field，and conceptual digital art --pan right --Strength of motion2 --Consistency with the text 10--Negative prompt distorted，deformed。

05 生成视频效果如图 5-38 所示。

图 5-38　科技视频墙广告宣传片视频效果图

2. 女人望向大屏幕的科技宣传片生成效果演示

生成一个女人望向大屏幕的科技宣传片，具体操作步骤如下。

01 描述提示词：一个女人望向一个大屏幕、屏幕上有不同类型的数据、以大众媒体的风格、黑暗的主题、倾斜的转变、交织的网络。

02 参数提示词：摄像机参数——镜头向左平移；运动强度参数——2；负提示参数——扭曲、变形；与文本的一致性参数——10。

03 参考图如图 5-39 所示。

图 5-39　带人物的科技视频墙参考图

04 完整提示词：A woman looks at a large screen with different types of data，in the style of mass media，dark themes，tilted transformations，and interwoven networks --pan left --Strength of motion2 --Consistency with the text 10--Negative prompt distorted，deformed。

05 生成视频效果如图 5-40 所示。

图 5-40　科技视频墙视频效果图

5.3.4　户外广告宣传片生成效果演示

户外广告宣传片是宣传的另一种高效方式，通过户外广告能够助力提升品牌知名度，达到传播产品或服务信息等目的。在公共场所设置大型广告牌播放户外广告宣传片，吸引行人的注意，可以让更多人看到广告，通过策略性的媒介安排和分布，创造出更多的销售机会，进一步提升品牌的知名度，帮助企业更好进行宣传。本节让我们共同欣赏 Pika 生成的户外广告宣传短片的效果。

1. 男人徒步旅行户外广告宣传片生成效果演示

生成一个男人在雪山覆盖的森林里徒步旅行的户外广告宣传片，具体操作步骤如下。

01 描述提示词：一个男人在雪山覆盖的森林里徒步旅行、这是苏格兰风景的风格、用电影 4D 渲染、焦点堆叠、橙色和棕色、柔和浪漫的风景。

02 参数提示词：摄像机参数——镜头放大；运动强度参数——2；负提示参数——扭曲、变形；与文本的一致性参数——10。

03 参考图如图 5-41 所示。

图 5-41　男人徒步旅行参考图

04 完整提示词：A man is hiking in a forest covered in snow capped mountains，in the style of Scottish scenery，rendered in movie 4D，with focus stacking，orange and brown，soft and romantic scenery --zoom in --Strength of motion2 --Consistency with the text 10--Negative prompt distorted，deformed。

05 生成视频效果如图 5-42 所示。

图 5-42　男人徒步旅行户外广告宣传片视频效果图

2. 登山装备户外广告生成效果演示

生成一个包含帐篷和马克杯等山区徒步旅行装备的视频，具体操作步骤如下。

01 描述提示词：山区徒步旅行装备、带帐篷和马克杯、超逼真的油画风格、壮观的背景。

02 参数提示词：摄像机参数——镜头向左平移；运动强度参数——2；负提示参数——扭曲、变形；与文本的一致性参数——10。

03 参考图如图 5-43 所示。

图 5-43　登山装备参考图

04 完整提示词：Mountainous hiking equipment with tents and mugs，ultra realistic oil painting style，spectacular background --pan left --Strength of motion2 --Consistency with the text 10--Negative prompt distorted，deformed。

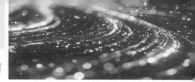

05 生成视频效果如图 5-44 所示。

图 5-44　登山装备户外宣传片视频效果图

5.3.5　横屏广告宣传片生成效果演示

横屏广告宣传片所带来的视觉效果通常更具震撼力，屏幕能够展示更多的内容，为用户提供更好的视觉体验。

无论是商业活动还是社会公益活动，横屏广告都能发挥重要作用。在商业领域，企业可以借助横屏广告宣传新产品、促销活动，吸引潜在客户。同时，横屏广告也可用于社会公益活动，如环保、健康宣传等，引导人们关注社会问题。接下来，让我们一起来欣赏 Pika 生成的横屏广告宣传片效果。

1. 零售店货架横屏广告宣传片生成效果演示

生成一个有着小型零售店货架的横屏广告宣传视频，具体操作步骤如下。

01 描述提示词：一个小型零售店货架、白色墙壁货架产品、以医学主题为风格、发光的颜色、基于物理的渲染、浅灰色和棕色。

02 参数提示词：摄像机参数——镜头放大；运动强度参数——2；负提示参数——扭曲、变形；与文本的一致性参数——10。

03 参考图如图 5-45 所示。

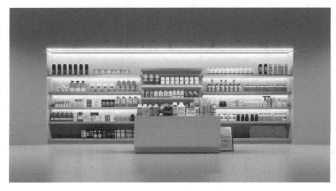

图 5-45　零售店货架宣传片参考图

04 完整提示词：A small retail store shelf with white wall shelving products in a medical themed style，illuminated colors，physics based rendering，light gray and brown --pan zoom in --Strength of motion2 --Consistency with the text 10--Negative prompt distorted，deformed。

05 生成视频效果如图 5-46 所示。

图 5-46　零售店货架横屏广告宣传片视频效果图

2. 展示柜横屏宣传片生成效果演示

生成一个装满产品的展示柜横屏宣传视频，具体操作步骤如下。

01 描述提示词：一个装满产品的展示柜、采用动态照明、白色和天蓝色、超高清图像、柔和、大气的照明、正面透视。

02 参数提示词：摄像机参数——镜头逆时针旋转；运动强度参数——2；负提示参数——扭曲、变形；与文本的一致性参数——10。

03 参考图如图 5-47 所示。

图 5-47　展示柜参考图

04 完整提示词：A display cabinet full of products and lotion，using dynamic lighting，white and sky blue，ultra-high definition images，soft，atmospheric lighting，front perspective --acw --Strength of motion2 --Consistency with the text 10--Negative prompt distorted，deformed。

05 生成视频效果如图 5-48 所示。

图 5-48　展示柜横屏宣传片视频效果图

3. 洗漱产品横屏宣传片生成效果演示

生成一个货架上摆放着各种各样洗发水和护发素等产品的视频，具体操作步骤如下。

01 描述提示词：货架上摆放着各种各样的剃须膏、洗发水、护发素和其他样品，平静安详的美，正面透视，细节导向。

02 参数提示词：摄像机参数——镜头向左平移；运动强度参数——2；负提示参数——扭曲、变形；与文本的一致性参数——10。

03 参考图如图 5-49 所示。

图 5-49　洗漱产品参考图

04 完整提示词：Various shaving creams，shampoos，conditioners，and other samples are placed on the shelves，presenting a calm and serene beauty with a front facing perspective and attention to detail --pan left --Strength of motion2 --Consistency with the text 10--Negative prompt distorted，deformed。

05 生成视频效果如图 5-50 所示。

图 5-50　洗漱产品横屏宣传片视频效果图

第6章

Pika对动漫领域的颠覆

Pika 在 3D 动漫制作中的应用，不仅提高了制作效率，也为动漫行业带来了更多的可能性和创新。本章我们将为大家讲述 Pika 在动漫领域的创新及其颠覆性影响。

为了带给读者更好的观感，案例章节会配备生成视频的二维码，可以按图像编号查看案例视频。

6.1　Pika 在动漫领域的应用技巧

Pika 在动漫领域有哪些应用技巧呢？比如，如何提升角色建模的精度，如何提高动漫制作的效率？下面让我们一起来详细学习 Pika 在动漫领域的应用技巧。

6.1.1　Pika 生成 3D 动漫

本节我们主要为大家介绍 Pika 生成的 3D 动漫有哪些特点、技巧与示例。

1. Pika 生成 3D 动漫特点

下面是一些利用 Pika 生成 3D 动漫的具体特点。

1）智能化：Pika 根据创作者的描述实时生成 3D 模型和动画，帮助创作者将想法可视化透明化，满足创作者的个性化需求。

2）逼真性：利用 Pika 生成的 3D 动漫作品在逼真性和多样性上已超越大多数 AI 生成式软件。创作者不用掌握高端的精尖技术，只需简单的操作指令即可获得专业的动漫作品。

3）高效性：Pika 根据用户的图文描述进行实时视频生成，这在一定程度上提高了创作者的创作效率。

4）创新性：Pika 不仅可以按创作者喜好生成令创作者满意的视频，而且可以帮助创作者实现创新，通过语义理解和学习大量的数据，生成新的原创内容，这一创新性日后在动漫创作领域也有广泛的应用前景。

5）易用性：Pika 使用门槛低，操作简单方便、容易上手，且生成视频质量较高，为动漫制作及其应用带来了诸多便利。

6）应用广泛：Pika 生成的 3D 动漫作品不仅可以用于动漫制作，还可以用于电子游戏和虚

拟现实环境创建动态、逼真的背景和角色等方面，应用范围较广。

总之，Pika 的推出，对于动漫创作领域来说，有着极为广泛的应用前景。创作者们应把握好这一机遇，不断利用 Pika 努力创作生成高质量的 3D 动漫视频。

2. Pika 生成 3D 动漫技巧

这里我们将从素材获取、文本描述、相机视觉参数、人物动作表情，光影色彩和连贯性流畅性等方面为大家讲述 Pika 生成 3D 动漫的技巧。

1）素材获取：对于特定的角色或场景，提前在脑海里构思出场景和动画。

2）文本描述的重要性：详细而具体的文本描述是关键，包括角色的表情、动作细节、场景的具体元素等；Pika 对 3D 动画的文本生成视频质量很高，尤其是皮克斯动画和迪士尼动画，所以在最前面的风格描述可以加上相应描述词。

3）相机和视觉参数：考虑使用 3D 风格常见的相机参数，如正面，侧脸，特写等焦距效果；使用鲜艳的色彩和清晰的线条来模拟动漫的视觉风格；使用鲜明的人物对画面进行刻画；使用鲜明的画面背景进行描绘；使用常见的 3D 动画人物进行描绘，尤其是动物以及人物；使用常见的场景，如城市街道、森林、沙漠、海洋等；画面主人公生成场景应该是合理的且场景是寻常的，不寻常的场景会可能会带来不好的效果。

4）动作和表情的夸张：3D 风格的一个特点是表情的夸张，可以在文本描述中加入这些元素；对于人物的动作描绘应当是简单且符合常理的；值得注意的是对动作的描绘需要在三秒完成的，也就是说在进行文本生成视频之前，先在脑海里构思一个合理且幅度在三秒内完成的动作，这很重要。

5）光影和色彩：重视光影效果和色彩搭配，这对于营造动漫特有的氛围至关重要；考虑使用高对比度和饱和度的色彩方案，如天空使用戏剧般的颜色，高对比和高饱和的颜色建议采用橙色、红色、橘红色、粉色等；在进行场景描绘时，应当保证画面光线充足且戏剧化，场景和时间应当选择在光亮充足的地方，如白天场景、室内明亮灯光场景等。

6）连贯性和流畅性：确保视频的每个部分在故事和视觉上都是连贯的；检查动画的流畅性，确保没有突兀的过渡。

3. 浣熊动画视频生成效果演示

生成一只浣熊坐在悬崖边的 3D 动画视频，具体操作步骤如下。

01 描述提示词：像素风格、3D 动画、一只浣熊坐在悬崖边、戏剧性的橙色天空。

02 参数提示词：摄像机参数——镜头；运动强度参数——1；负提示参数——扭曲、变形；与文本的一致性参数——8。

03 完整提示词：pixar style，3d animation，a raccoon sitting on the edge of a cliff，dramatic orange sky--Strength of motion1 --Consistency with the text 8--Negative prompt distorted，deformed。

04 生成视频效果如图 6-1 所示。

改变视频的 AI 技术：Pika 的无限创意

图 6-1　浣熊动画视频效果图

4. 兔子动画视频生成效果演示

生成一只兔子坐在厨房里说话的动漫视频，具体操作步骤如下。

01 描述提示词：电影、3D 动画、动物园兔子坐在厨房里、说话、明亮的灯光。

02 参数提示词：摄像机参数——镜头；运动强度参数——2；负提示参数——扭曲、变形；与文本的一致性参数——11。

03 完整提示词：cinematic，3d animation，Zootopia rabbit sit in kitchen，speaking，bright lighting，--Strength of motion2 --Consistency with the text 11--Negative prompt distorted，deformed。

04 生成视频效果如图 6-2 所示。

图 6-2　兔子动画视频效果图

6.1.2　Pika 生成特效

本节我们学习有关 Pika 生成特效有关方面的内容，下面将详细介绍。

Pika 在视频创作时依靠智能化的技术和算法，通过提示词生成令创作者满意的视频，让视频制作变得更加高效便捷。具体表现在可以根据创作者的需要设置不同类型文字特效；也可以根据用户的需求进行图像处理，如颜色调整、亮度对比度调整、尺寸裁剪等，还可以根据需求生成高质量的 3D 图像，给人极具美感的视觉效果。

1. Pika 生成特效应用领域

这些特效主要应用于影视特效制作、视频剪辑、广告制作、教育培训、娱乐体验等领域，具

体的应用领域如下。

1）影视特效制作：Pika 在影视特效制作中的应用主要体现在特效生成、人物或物体的动态捕捉、虚拟场景的构建等方面。致力于专业视频剪辑领域，同时也在不断扩展图片领域相关的能力。

2）视频剪辑：Pika 视频生成支持全自动智能剪辑视频，包括无限内容生成、个别元素修改、视频尺寸裁剪等。

3）广告制作：Pika 可以根据商家的需求，自动生成短视频，提高制作效率，节省创作成本。

4）教育培训：根据教育内容，生成更具有互动性和趣味性的教学视频，提高学生的学习兴趣和学习效果。

5）娱乐体验：Pika 可以根据用户的喜好，生成个性化的娱乐视频，提供丰富的娱乐体验。

总之，这些应用领域并不是互相排斥的，而是可以互相融合，提供更全面、更丰富的服务。特效的发展和应用，不仅大大提高了视频制作的效率和质量，也为视频创作者提供了更多的创作空间和可能性。

2. Pika 生成特效基本步骤

1）确定视频主题和特效需求：确定视频的主要内容和您想要实现的特效类型，如科幻、魔法、自然现象等；Pika 在生成爆炸，烟雾，水，炫光等场景会有很好的效果；在进行文本的编辑时，可以加入专业的且风格统一的特效导演作为首要提示词，这样可以增添画面质量以及稳定性。

2）编写详细的文本提示词：编写清晰、详尽的提示词尤其重要，包括所需特效的详细描述，如颜色、动态等；理解特效在提示词中的权重占比，将特写放在文本靠前位置来增加权重占比；在提示词中加入背景，环境的描绘，以及特效的整体效果。

3）选择合适的 AI 工具：使用 Pika 自带的文本转视频无疑是最优选择，因为最后的画面会更像电影；如果想要制作 TVC 等严肃创作，可以先使用 AI 出图工具（如 SD、MJ 等），再使用 Pika 的图片转视频功能进行创作。

4）评估和调整：评估生成的视频，特别是特效的实现情况，对不满意的画面进行重新生成；如果画面扭曲变形就重新生成，或者调整参数值，把运动或者文本依附值降低；画面如果出现特效的变形，就降低文本依附值。

3. Pika 生成特效技巧和注意事项

1）精确的特效描述：在文本中提供尽可能详细的特效描述，包括形状、大小、颜色、动态等；Pika 尤其对爆炸、烟雾、灰尘等特效生成有不错的效果。

2）视觉连贯性：确保特效与视频的其他部分在视觉上保持连贯性，避免显得突兀或不协调。

3）特效与叙事的结合：需要明白的是，特效应该服务于视频的整体叙事，而不是单独存在。

4）适当的过渡和淡入淡出：在后期剪辑的时候，使用平滑的过渡效果，使特效的出现和消失更自然。

4. 男人站在沙漠中视频生成效果演示

生成一个男人站在沙漠中的视频，具体操作步骤如下。

01 描述提示词：克里斯托弗·诺兰的电影风格、一个男人站在沙漠中、背景是爆炸、充满戏剧性的色彩、戏剧性的橙色和红色天空、描绘出令人惊叹的光影细节、逼真的风格。

02 参数提示词：摄像机参数——镜头；运动强度参数——1；负提示参数——扭曲、变形；与文本的一致性参数——7。

03 完整提示词：Christopher Nolan film style, a man stands in the desert with an explosion in the background, bursting with dramatic colors. dramatic orange and red sky, stunning details of light and shadow depicted, photorealistic style--Strength of motion1 --Consistency with the text 7--Negative prompt distorted, deformed。

04 生成视频效果如图 6-3 所示。

图 6-3　男人站在沙漠中动画视频效果图

5.《沙漠大爆炸》视频生成效果演示

生成克里斯托弗·诺兰电影风格《沙漠大爆炸》的视频片段，具体操作步骤如下。

01 描述提示词：克里斯托弗·诺兰的电影风格、《沙漠大爆炸》、充满了戏剧性的色彩、戏剧性的橙色和红色天空、描绘出令人惊叹的光影细节、逼真的风格。

02 参数提示词：摄像机参数——镜头；运动强度参数——3；负提示参数——扭曲、变形；与文本的一致性参数——18。

03 完整提示词：Christopher Nolan film style, an Explosion in the desert, bursting with dramatic colors. dramatic orange and red sky, stunning details of light and shadow depicted, photorealistic style--Strength of motion3 --Consistency with the text 18--Negative prompt distorted, deformed。

04 生成视频效果如图 6-4 所示。

图 6-4　《沙漠大爆炸》动画视频效果图

6.1.3　Pika 融合经典角色短片

本节我们将具体学习 Pika 融合经典角色生成短片视频。Pika 可以通过学习和模仿现有的经典角色特征来创造新的角色，或者为已有的角色进行创新设计，它可以根据用户输入的关键词生成媲美电影的效果图。这种新的创作方式可以帮助创作者更高效且更有创意地进行视频创作。

它通过深度学习技术来生成逼真的虚拟人物和场景，从而实现角色的表演。例如通过学习特定人物的语言和动作，生成符合角色性格和情境的表演。还可以通过对话生成或者情感表达，实现角色之间的互动。例如，创作者可以在搜索框中输入新词汇，改变电影中的角色和叙事情节，进行新的剧本创作，使新的创意成为电影创作的一部分。

除此之外，Pika 还可以进行场景和分镜制作，通过扩展角色和场景创作空间，如用数字人代替经典角色，智能人脸合成、声音合成以复活经典片段，替换艺人等操作，从而不断提高视频创作的创新性。

在输入框的操作界面中，输入有关视频的标题、文案、说明文本信息，再从它提供的素材库中选择自己喜欢的模板和配音角色，单击生成按钮后该工具就会利用图像识别和算法优化，自动提取关键信息，并将其与设定的模板素材拼接合成短视频，这一过程也使得整个人物形象更加鲜明，视频制作过程更加高效。

1. 融合经典角色短片基本步骤

我们将从六个步骤为大家讲述如何融合经典角色。

1）概念规划与脚本编写：确定视频主题和想要展现的故事情节；编写详细的脚本，包括角色互动、情节发展及每个场景的详细描述。

2）素材准备：收集经典角色的素材，如图片、视频剪辑或动画。找到目标动画以及角色后，查找其出自哪个制作公司；在编写提示词的时候将制作公司放最前面以增加权重属性；使用知名动画人物在最后画面的生成有大帮助。

3）AI 工具选择：可以使用 Pika 的文字转视频功能，或者放入 SD 或者 MJ 等文字转图片 AI 工具先出图，再放到 Pika 使用图片转视频功能。

4）视频编辑与调整：对生成的视频进行编辑，包括剪辑、调色等；调整角色与背景的融合

度，确保视觉上的自然和谐。

5）角色与场景的融合：使用合适的色彩调整相机控制，使角色与新的背景和谐融合；注意角色的光影效果与新场景保持一致。

6）相机参数选择：使用适合角色原风格的相机参数，如角度、焦距，这样可以保持一致的视觉风格。

2. 蜘蛛侠说话视频生成效果演示

生成蜘蛛侠说话的视频片段，具体操作步骤如下。

01 描述提示词：漫威工作室、电影、3D 动画、街上的蜘蛛侠、说话、面部特写、越过肩膀。

02 参数提示词：摄像机参数——镜头；运动强度参数——2；负提示参数——扭曲、变形；与文本的一致性参数——14。

03 完整提示词：Marvel Studios，cinematic，3d animation，spiderman on the street，speaking，face close-up，Over the Shoulder--Strength of motion2 --Consistency with the text 14--Negative prompt distorted，deformed。

04 生成视频效果如图 6-5 所示。

图 6-5　蜘蛛侠说话动画视频效果图

05 相关提示词不变，再次生成视频，效果如图 6-6 所示。

图 6-6　屋顶上的蜘蛛侠动画视频效果图

3. 铁人坐在屋顶上动画生成效果演示

生成铁人坐在屋顶上的 3D 动画视频，具体操作步骤如下。

01 描述提示词：漫威工作室、电影、3D 动画、铁人坐在屋顶上、面部特写、过肩。

02 参数提示词：摄像机参数——镜头向下平移；运动强度参数——2；负提示参数——扭曲、变形；与文本的一致性参数——8。

03 完整提示词：Marvel Studios，cinematic，3d animation，ironman sit on the top of the roof，face close-up，Over the Shoulder--pandown --Strength of motion2 --Consistency with the text 8--Negative prompt distorted，deformed。

04 生成视频效果如图 6-7 所示。

图 6-7　铁人坐在屋顶动画视频效果图

6.1.4　Pika 生成原创剧情动画短片

Pika 在动画制作中有着广泛的应用前景，特别是在剧情动画短片的创作上，具体技巧与示例演示如下。

1. Pika 生成原创剧情动画短片基本步骤

我们将具体从构思和脚本编写、制作故事板、设计角色和环境、动画制作、编辑和后期制作几方面来做详细讲述。

1）构思和脚本编写：创造一个吸引人的故事和有趣的角色；编写详细的脚本，包括场景描述、角色对话和指示。

2）制作故事板：制作故事板来规划每个场景的视觉布局，包括角色的位置、相机的角度和运动。

3）设计角色和环境：设计角色的外观、服装和表情；设计和创建场景的背景和布局。

4）动画制作：使用 AI 动画工具（如 Pika）生成动画序列；使用 SD 或者 MJ 等 AI 图片生成工具生成图片；然后再使用如 Adobe Animate 或 Toon Boom 对画面进行逐帧绘制。

5）编辑和后期制作：编辑动画和声音，确保流畅的叙事和良好的观看体验；应用颜色校正和其他视觉效果。

2. Pika 生成原创剧情动画短片技巧和注意事项

这里讲述了利用 Pika 生成原创视频剧情动画短片的技巧和一些注意事项。

1）原创性和创意：原创性和创意是动画短片吸引观众的关键；考虑不同的叙事手法和视觉风格。

2）角色开发：设计有深度和吸引力的角色；确保角色的设计和性格与故事情节相匹配。

3）视觉风格的选择：根据故事的气氛和风格选择合适的视觉风格；考虑使用色彩理论来增强情感表达。

4）动画流畅度：确保动画的流畅和自然，特别是角色的动作和表情；在后期使用适当的帧率和过渡效果。

5）音频的重要性：音频质量对于动画短片的整体效果至关重要；配音应该清晰，音效应与视觉内容紧密结合。

3. 男孩站在山顶的动画视频生成效果演示

生成一个男孩站在长满草的山顶上的 3D 动画，具体操作步骤如下。

`01` 描述提示词：电影、3D 动画、一个男孩站在长满草的山顶上、旁边有树、面部特写、夜景、戏剧性的粉橙色天空。

`02` 参数提示词：摄像机参数——镜头向左平移；运动强度参数——2；负提示参数——扭曲、变形；与文本的一致性参数——8。

`03` 完整提示词：cinematic，3d animation，a boy stands on the grassy hilltop，with trees beside him，face close-up，night scene. dramatic pink orange sky--pand left --Strength of motion2 --Consistency with the text 8--Negative prompt distorted，deformed。

`04` 生成视频效果如图 6-8 所示。

图 6-8　男孩站在山顶的动画视频效果图

`05` 保持现有参数设置，再次生成视频，效果如图 6-9 所示。

图 6-9　男孩在荒郊野外的动画视频效果图

6.2　Pika 生成 3D 动漫实例效果

前面学习了 Pika 在动漫领域的应用技巧，下面将带领大家从中国古风风格、宫崎骏风格和新海诚风格三种不同的风格来感受 Pika 生成 3D 动漫的实例效果图。

6.2.1　中国古风风格 3D 动漫生成效果演示

中国古风动漫最显著的特点是融入了大量传统文化元素。它在一定程度上继承了中国传统社会的优秀文化基因和历史记忆。不管是在歌词创作、歌曲编排、华服制作还是影视作品和文学作品中，都有融入了丰富的中国传统文化元素的成功之作。

除此之外，中国古风动漫还具有唯美的艺术风格。它结合中国传统的文学、琴棋书画、诗词歌赋，经过不断发展，形成了一种独特完备的艺术形式。在色彩、服饰、建筑等方面，都展现出独特的中国美学。

中国古风风格的 3D 动漫在一定程度上是对中国传统文化的完美呈现，如歌词表达、故事情节等。表达出了对中国传统文化的热爱。随着国内漫画的发展，广大漫画读者不再盲目追求日式风格，具有中国风格的漫画开始受到热烈欢迎，成为近年来备受关注的文化现象。本节，我们带领大家一起欣赏 Pika 创作的中国古风风格 3D 动漫。

1. 古人舞剑的视频生成效果演示

生成一个人挥舞着剑的中国风视频，具体操作步骤如下。

01 描述提示词：中国风、水墨画、油画质感、古代中国、一个人挥舞着剑、光线穿透云层、动态的姿势、柔和的光线、超轻的细节、高度细致。

02 参数提示词：运动强度参数——2；负提示参数——扭曲、变形；与文本的一致性参数——8。

03 完整提示词：Chinese style, ink wash painting, oil painting texture, ancient china, A man wields a sword, light piercing through the clouds, dynamic pose, soft light, ultra light details, highly detailed --Strength of motion2 --Consistency with the text 8--Negative prompt distorted, deformed。

04 生成视频效果如图 6-10 所示。

图 6-10　古人舞剑的视频效果图

2. 水墨画视频生成效果演示

生成一个有着中国风风格的水墨画视频，具体操作步骤如下。

01 描述提示词：中国风、水墨画、油画质感、中国古刹、柔光、超轻细节、高度细致。

02 参数提示词：运动强度参数——2；负提示参数——扭曲、变形；与文本的一致性参数——8。

03 完整提示词：Chinese style, ink wash painting, oil painting texture, ancient Chinese temple, soft light, ultra light details, highly detailed --Strength of motion2 --Consistency with the text 8-- Negative prompt distorted, deformed。

04 生成视频效果如图 6-11 所示。

图 6-11　水墨画视频效果图

6.2.2　宫崎骏风格 3D 动漫生成效果演示

宫崎骏的动画作品大多关注人与自然的关系、和平主义及人权运动等，他的动漫电影以清新的风格，温暖的画风及高超的技术在全球动漫界独树一帜。其动画风格主要以手绘为主，同时也尝试了 3D 动画技术。在 3D 动画领域，宫崎骏的作品并不完全采用时代流行的风格，相对更加注重特效和真实质感的 3D 建模风格，具有更偏向于具有黏土材质的定格动画特色。动画作品中的人物和场景都充满了纯真和洁净，无论是动画背景还是人物角色，都给人一种宁静平和的感觉，能够治愈人们的心灵。本节将为大家呈现由 Pika 创作的宫崎骏风格 3D 动漫效果。

1. 龙猫动漫生成效果演示

生成一个龙猫在草地上行走的动漫视频，具体操作步骤如下。

01 描述提示词：宫崎骏动漫风格、龙猫走在草地上、森林背景、戏剧性的粉红色天空、超高分辨率和细节。

02 参数提示词：摄像机参数——镜头放大；运动强度参数——1；负提示参数——扭曲、变形；与文本的一致性参数——8。

03 完整提示词：Hayao Miyazaki anime style, A chinchilla walking on a branch, forest back-

ground，dramatic pink sky，Ultra high-resolution and detailed--pan up --Strength of motion1 --Consistency with the text 8--Negative prompt distorted，deformed。

04 生成视频效果如图 6-12 所示。

图 6-12　龙猫动漫视频效果图

2. 猫咪动漫视频生成效果演示

生成一个行走在森林中的猫的动漫视频，具体操作步骤如下。

01 描述提示词：宫崎骏动漫风格、一只在森林中行走的猫、超高分辨率和细节。

02 参数提示词：运动强度参数——1；负提示参数——扭曲、变形；与文本的一致性参数——8。

03 完整提示词：Hayao Miyazaki anime style，A cat walking in the forest，Ultra high-resolution and detailed --Strength of motion1 --Consistency with the text 8--Negative prompt distorted，deformed。

04 生成视频效果如图 6-13 所示。

图 6-13　猫咪动漫视频效果图

6.2.3　新海诚风格 3D 动漫生成效果演示

新海诚的动漫画面风格独特，以细致、温柔、精美而闻名。其作品通常关注社会现实和人性问题，如环境保护、人际关系、家庭婚姻等。动漫采用先进的技术，具有高分辨率的图画特征，经常让人叹为观止。尤其强调情感和情感表达，作品中经常出现深刻的人物关系，引发观众对社

会和人性的深刻思考。在配乐方面也非常用心，所选择的音乐能为作品增添氛围和情感，使观众更好地理解故事情节，更深入了解角色的内心世界，在情感上产生共鸣。

在 3D 动漫创作方面，该类作品具有多变的色彩、写实的画面、梦幻的光影，以及极高的创作水平。本节让我们一起欣赏由 Pika 创作的新海诚风格 3D 动漫。

1. 街道上的女孩动漫生成效果演示

生成一个街道上的女孩动漫视频，具体操作步骤如下。

01 描述提示词：Makoto Shinkai 动漫、一个女孩走在一条充满美感的神话街道上、面部特写、夜景、戏剧性的粉红色天空、超高分辨率和细节。

02 参数提示词：运动强度参数——2；负提示参数——扭曲、变形；与文本的一致性参数——10。

03 完整提示词：Makoto Shinkai anime，A girl walking on a aesthetic mythical street，face close-up，night scene. dramatic pink sky，Ultra high-resolution and detailed--Strength of motion2 --Consistency with the text 10--Negative prompt distorted，deformed。

04 生成视频效果如图 6-14 所示。

图 6-14 街道上的女孩动漫视频效果图

2. 男孩看烟花动漫生成效果演示

生成一个男孩站在屋顶上看天空中绽放烟花的动漫视频，具体操作步骤如下。

01 描述提示词：Makoto Shinkai 动漫、一个男孩站在屋顶上、天空中绽放着烟花、夜景、超高分辨率和细节。

02 参数提示词：运动强度参数——1；负提示参数——扭曲、变形；与文本的一致性参数——8。

03 完整提示词：Makoto Shinkai anime，A boy stands on the top of the roof，There are fireworks blooming in the sky，night scene，Ultra high-resolution and detailed--Strength of motion1 --Consistency with the text 8--Negative prompt distorted，deformed。

04 生成视频效果如图 6-15 所示。

图 6-15　男孩看烟花动漫视频效果图

6.3　Pika 生成特效实例效果

Pika 自带多种动漫特效，那么特效的生成效果如何呢？下面将从水墨特效、光电特效、炫彩特效和烟花特效四个方面来一起看看 Pika 自带特效的生成效果。

6.3.1　水墨特效生成效果演示

水墨画是中国传统绘画的一种，是中国优秀传统文化的重要组成部分，主要以线条和墨色的运用为表现手法，通过线条和墨色来展现其主要特征。其画面简洁而不简单，主要强调神似，符合"意境美"的审美理念，极具独特的艺术效果。

生成一个具有绿水青山的水墨风格视频，具体操作步骤如下。

01 描述提示词：水墨风格、古瓷、户外场景、青山绿水、柔和的光线、超轻的细节、高度细致。

02 参数提示词：运动强度参数——1；负提示参数——扭曲、变形；与文本的一致性参数——8。

03 完整提示词：ink painting style，ancient china，outdoor scene，Green mountains and Rivers，soft light，ultra light details，highly detailed--Strength of motion1 --Consistency with the text 8--Negative prompt distorted，deformed。

04 生成视频效果如图 6-16 所示。

图 6-16　绿水青山水墨风格视频效果图

05 相关提示词不变，再次生成视频，效果如图 6-17 所示。

图 6-17 户外绿水青山水墨风格视频效果图

6.3.2 光电特效生成效果演示

动漫中的特效和光影是作品效果能够完美表达的重要组成部分，灵活运用可以增加动漫的视觉效果，提升视觉震撼力。动漫中特效和光影的制作需要创作者能够熟练掌握特效和光影的变化规律，具备良好的设计能力和审美能力。本节让我们一起来看看 Pika 生成的光电特效效果。

1. 城市夜景视频生成效果演示

生成现代城市雨天夜景视频，具体操作步骤如下。

01 描述提示词：电影镜头、现代城市场景、夜景、雨天、天空中有闪电、戏剧性的闪电、超轻的细节、高度详细。

02 参数提示词：运动强度参数——1；负提示参数——扭曲、变形；与文本的一致性参数——8。

03 完整提示词：cinematic shot，modern city scene，night scene，rainy day，There is lightning in the sky，dramatic lightning，ultra light details，highly detailed--Strength of motion1 --Consistency with the text 8--Negative prompt distorted，deformed。

04 生成视频效果如图 6-18 所示。

图 6-18 城市夜景视频效果图

2. 闪电视频生成效果演示

生成现代城市雨天夜景和戏剧性闪电电影镜头，具体操作步骤如下。

01 描述提示词：电影镜头、现代城市场景、夜景、雨天、天空中有雷电、戏剧性的闪电、超轻的细节、高度细致。

02 参数提示词：运动强度参数：1；负提示参数：扭曲、变形；与文本的一致性参数：12。

03 完整提示词：cinematic shot，modern city scene，night scene，rainy day，There is Thunder and lightning in the sky，dramatic lightning，ultra light details，highly detailed--Strength of motion1 --Consistency with the text 12--Negative prompt distorted，deformed。

04 生成视频效果如图 6-19 所示。

图 6-19 闪电视频效果图

6.3.3 炫彩特效生成效果演示

在动漫制作中运用炫彩特效，不仅可以增强动画设计、塑造丰富角色形象、提升视觉效果外，还可以使动漫画面更具吸引力，提升观众的观影体验。本节让我们一起来看看 Pika 生成的炫彩特效效果。

1. 气泡视频生成效果演示

生成五颜六色气泡飘向天空的视频，具体操作步骤如下。

01 描述提示词：电影镜头、五颜六色的气泡飘向天空、阳光照射在气泡上、超轻的细节、高度细致。

02 参数提示词：摄像机参数——镜头；运动强度参数——1；负提示参数——扭曲、变形；与文本的一致性参数——12。

03 完整提示词：cinematic shot，colorful bubbles float to the sky，The sun shines on the bubbles，ultra light details，highly detailed--Strength of motion1 --Consistency with the text 12--Negative prompt distorted，deformed。

04 生成视频效果如图 6-20 所示。

图 6-20　气泡视频效果图

2. 炫彩灯光视频生成效果演示

生成炫彩灯光的视频片段，具体操作步骤如下。

01 描述提示词：电影般的镜头、天空中五颜六色的灯光、阳光照射在气泡上、超轻的细节、高度细致。

02 参数提示词：运动强度参数——1；负提示参数——扭曲、变形；与文本的一致性参数——12。

03 完整提示词：cinematic shot，colorful lights in the sky，The sun shines on the bubbles，ultra light details，highly detailed--Strength of motion1 --Consistency with the text 12--Negative prompt distorted，deformed。

04 生成视频效果如图 6-21 所示。

图 6-21　炫彩灯光视频效果图

6.3.4　烟花特效生成效果演示

粒子效果是烟花特效的特色之一。通过使用粒子效果，色彩更加丰富，画面更加逼真，效果也更加自然。除此之外，还可以通过添加运动模糊、镜头抖动等增加烟花动态性效果。本节我们一起来欣赏 Pika 生成的烟花特效效果。

烟花视频生成效果演示

生成五颜六色的烟花视频，具体操作步骤如下。

01 描述提示词：电影镜头、夜景、天空中五颜六色的烟花、超轻的细节、高度细致。

02 参数提示词：运动强度参数——1；负提示参数——扭曲、变形；与文本的一致性参数——12。

03 完整提示词：cinematic shot，night scene，colorful fireworks in the sky，ultra light details，highly detailed--Strength of motion1 --Consistency with the text 12--Negative prompt distorted，deformed。

04 生成视频效果如图 6-22 所示。

图 6-22　烟花视频效果图

05 通常来讲，对于 AI 生成的内容，在不使用种子值生成时，相同的描述提示词可以生成无数种不同的内容，几乎不会有完全相同的情况出现。尤其在没有参考图的情况下，比较宽泛性质的描述提示词生成的效果会有很大的差别，如在生活中"彩色的烟花"这个描述词就存在无数种不同的状态，在 AI 生成内容时也会存在无数种不同的状态。控制参数主要为了控制变化的角度、方向、幅度等，不影响内容的多样性。参数不变，生成新视频效果如图 6-23 所示。

图 6-23　烟花新视频效果图

06 参数不变，生成新视频效果如图 6-24 所示。

图 6-24　五颜六色烟花新视频效果图

6.4　Pika 融合经典角色短片实例效果

下面将带领创作者从武侠经典场面还原生成短片和国内外经典角色融合对话生成短片两个方面来领略 Pika 融合经典角色生成短片的效果。

6.4.1　武侠经典场面还原短片生成效果演示

武侠经典场面视频的特点在于其深厚的侠义精神、中式诗意美学、精彩的武打动作、丰富的情感描绘以及独特的视觉效果。本节我们将用 Pika 还原武侠经典场面短片。

1. 白袍男人短片生成效果演示

生成一个穿着白袍的男人拿着剑的经典武侠场面视频，具体操作步骤如下。

01 描述提示词：一个穿着白袍的男人拿着剑、动作场面的风格、中国文化主题。

02 参数提示词：运动强度参数——1；负提示参数——扭曲、变形；与文本的一致性参数——10。

03 参考图如图 6-25 所示。

图 6-25　白袍男人参考图

04 完整提示词：A man in a white robe holding a sword，with a style of action scenes and a Chinese cultural theme --Strength of motion1--Consistency with the text 10--Negative prompt distorted，deformed。

05 生成视频效果如图 6-26 所示。

图 6-26　白袍男人武侠视频效果

2. 男人练功的经典武侠场面效果演示

生成经典武侠短片中一个男人站着练功而身后尘土飞扬的视频，具体操作步骤如下。

01 描述提示词：东方电影或动作片中的一个男人在街上、黑白青铜色、尘土飞扬、国家地理照片、统一的舞台图像。

02 参数提示词：运动强度参数——1；负提示参数——扭曲、变形；与文本的一致性参数——10。

03 参考图如图 6-27 所示。

图 6-27　男人练功参考图

04 完整提示词：A man in an Eastern movie or action film on the street，black and white bronze，dusty，national geographic photo，unified stage image --Strength of motion1--Consistency with the text 10--Negative prompt distorted，deformed。

05 生成视频效果如图 6-28 所示。

图 6-28　男人练功武侠短片视频效果图

6.4.2　国内外经典角色融合对话短片生成效果演示

国内外经典角色对话视频的特点在于其深入的角色塑造、高质量的对话、丰富的情感表达、明显的文化差异以及语言的魅力。本节我们将欣赏 Pika 融合国内外经典角色对话的短片。

外国男人视频生成效果演示

生成一个穿睡衣的男人拿着一瓶牛奶对话的视频，具体操作步骤如下。

01 描述提示词：一个穿着睡衣参加派对的男人拿着一瓶牛奶、颠覆性电影、诙谐风格。

02 参数提示词：运动强度参数——1；负提示参数——扭曲、变形；与文本的一致性参数——12。

03 参考图如图 6-29 所示。

图 6-29　外国男人参考图

04 完整提示词：A man in pajamas attending a party holding a bottle of milk，subversive movie，humorous style --Strength of motion1 --Consistency with the text 12--Negative prompt distorted，deformed。

05 生成视频效果如图 6-30 所示。

图 6-30　外国男人视频效果图

06 调整参考图，参考图如图 6-31 所示。

图 6-31　外国经典角色参考图

07 生成新的视频，效果如图 6-32 所示。

图 6-32　外国经典角色视频效果图

6.5　Pika 生成原创剧情动画短片实例效果

下面我们将带领创作者欣赏 Pika 生成的原创剧情动画，将从教育类、艺术类和环保类三种类型短片来展示原创动画生成效果。

6.5.1 教育类原创动画短片生成效果演示

原创动画短视频可以用来传达一些重要的社会文化和价值观，具有一定的教育意义。例如，文化传承、环保、友谊、勇气、智慧等主题，都可以通过原创动画短视频来进行有效传播和教育。本节将为大家展示 Pika 生成的教育类原创动画短片。

1. 小女孩折纸视频生成效果演示

生成一个小女孩在折纸的视频，具体操作步骤如下。

01 描述提示词：一个小女孩正在做折纸。

02 参数提示词：运动强度参数——1；负提示参数——扭曲、变形；与文本的一致性参数——10。

03 参考图如图 6-33 所示。

图 6-33　小女孩折纸参考图

04 完整提示词：A little girl is making origami--Strength of motion1--Consistency with the text 10--Negative prompt distorted，deformed。

05 生成视频效果如图 6-34 所示。

图 6-34　小女孩折纸视频效果图

2. 3D 纸艺视频生成效果演示

生成有着鸟类等元素的 3D 纸艺原创视频，具体操作步骤如下。

01 描述提示词：纸艺花抽象艺术、概念艺术、3D 纸艺、生活风格、鸟类插图、浅红色和粉红色、详细的野生动物、壁画、柔和、浪漫的场景、复杂的构图、浅青色和白色。

02 参数提示词：运动强度参数——2；负提示参数——扭曲、变形；与文本的一致性参数——10。

03 参考图如图 6-35 所示。

图 6-35　3D 纸艺参考图

04 完整提示词：Abstract art of paper flowers，conceptual art，3D paper art，lifestyle，bird illustrations，light red and pink，detailed wildlife，murals，soft，romantic scenes，complex compositions，light blue and white --Strength of motion2--Consistency with the text 10--Negative prompt distorted，deformed。

05 生成视频效果如图 6-36 所示。

图 6-36　3D 纸艺视频效果图

3. 飞龙剪纸视频生成效果演示

生成有着超现实主义风格的剪纸艺术视频，具体操作步骤如下。

01 描述提示词：中国剪纸艺术、超现实主义元素的风格、逼真的细节、多层构图、浅蓝和橙色、浅红和白色、有机雕刻、流畅和弯曲的线条。

02 参数提示词：运动强度参数——2；负提示参数——扭曲、变形；与文本的一致性参数——10。

03 参考图如图 6-37 所示。

图 6-37　飞龙剪纸参考图

04 完整提示词：Chinese Paper Cuttings art, style of surrealist elements, realistic details, multi-layer composition, light blue and orange, light red and white, organic carving, smooth and curved lines --Strength of motion2--Consistency with the text 10--Negative prompt distorted, deformed。

05 生成视频效果如图 6-38 所示。

图 6-38　飞龙剪纸视频效果图

6.5.2　艺术类原创动画短片生成效果演示

原创动画短视频同时也是艺术的一种表现形式，它可以融合绘画艺术、摄影、音乐等多种艺术形式，通过动画的方式呈现出来，给人带来视觉和听觉的双重享受。本节将为大家展示 Pika 生成的艺术类原创动画短片。

1.《油画的艺术》视频生成效果演示

生成一个在画板上手绘的原创视频，具体操作步骤如下。

01 描述提示词：在画板上手绘。

02 参数提示词：运动强度参数——2；负提示参数——扭曲、变形；与文本的一致性参数——10。

03 参考图如图 6-39 所示。

图 6-39　《油画的艺术》视频参考图

04 完整提示词：A hand drawing on a drawing board，--Strength of motion2--Consistency with the text 10--Negative prompt distorted，deformed。

05 生成视频效果如图 6-40 所示。

图 6-40　《油画的艺术》视频效果图

2. 小溪流动视频生成效果演示

生成一个小溪在流动的原创动画，具体操作步骤如下。

01 描述提示词：小溪在流动。

02 参数提示词：运动强度参数——2；负提示参数——扭曲、变形；与文本的一致性参数——10。

03 参考图如图 6-41 所示。

图 6-41 小溪流动视频参考图

04 完整提示词：The stream is flowing --Strength of motion2--Consistency with the text 10--Negative prompt distorted，deformed。

05 生成视频效果如图 6-42 所示。

图 6-42 小溪流动视频效果图

3.《女孩与马》视频生成效果演示

生成一个有着俄罗斯绘画风格名为《女孩与马》的原创视频，具体操作步骤如下。

01 描述提示词：俄罗斯绘画《女孩与马》、温和的表情风格、大型画布绘画。

02 参数提示词：运动强度参数——2；负提示参数——扭曲、变形；与文本的一致性参数——10。

03 参考图如图 6-43 所示。

图 6-43 《女孩与马》参考图

04 完整提示词：Russian painting " Girl and Horse"，with a gentle expression style and large canvas painting --Strength of motion2--Consistency with the text 10--Negative prompt distorted，deformed。

05 生成视频效果如图 6-44 所示。

图 6-44 《女孩与马》视频效果图

6.5.3 环保类原创动画短片生成效果演示

原创动画短视频最大的特点在于它的创新性。通过创新性让受众能够独立思考，达到教育和传递创作者价值观的最终目的。本小节将具体为大家展示 Pika 生成的环保类原创动画短片。

1. 垃圾桶原创动画生成效果演示

生成一个有着五颜六色垃圾桶的原创视频，具体操作步骤如下。

01 描述提示词：五个五颜六色的垃圾桶立在砖上、色调幽默、深金色和橙色。

02 参数提示词：摄像机参数——镜头放大；运动强度参数——2；负提示参数——扭曲、变形；与文本的一致性参数——10。

03 参考图如图 6-45 所示。

图 6-45　垃圾桶参考图

04 完整提示词：Five colorful trash cans stand on the bricks，with humorous tones of deep gold and orange --zoom in--Strength of motion2--Consistency with the text 10--Negative prompt distorted，deformed。

05 生成视频效果如图 6-46 所示。

图 6-46　垃圾桶视频效果图

2. 垃圾车动画生成效果演示

生成一辆装满废弃物的垃圾车的视频，具体操作步骤如下。

01 描述提示词：一辆垃圾车、里面装满了旧的电子设备部件和垃圾、风格像马丁·斯特兰卡、极简主义、逼真的场景。

02 参数提示词：摄像机参数——镜头放大；运动强度参数——2；负提示参数——扭曲、变形；与文本的一致性参数——10。

03 参考图如图 6-47 所示。

04 完整提示词：A garbage truck filled with old computer components and garbage，styled like Martin Stranka，minimalist，and realistic scenes --zoom in--Strength of motion2--Consistency with the text 10--Negative prompt distorted，deformed。

图 6-47　垃圾车参考图

05 生成视频效果如图 **6-48** 所示。

图 6-48　垃圾车视频效果图

3. 男人与垃圾车动画生成效果演示

生成一个穿着黄色雨衣的男人站在垃圾车前的原创视频，具体操作步骤如下。

01 描述提示词：一辆垃圾车、一个穿着黄色雨衣的男人、逼真的城市场景、哑光绘画、高度细致的环境。

02 参数提示词：摄像机参数——镜头放大；运动强度参数——2；负提示参数——扭曲、变形；与文本的一致性参数——10。

03 参考图如图 **6-49** 所示。

图 6-49　男人与垃圾车参考图

04 完整提示词：A garbage truck，a man wearing a yellow raincoat，realistic city scenes，matte paintings，highly detailed environment --zoom in--Strength of motion2--Consistency with the text 10--Negative prompt distorted，deformed。

05 生成视频效果如图 6-50 所示。

图 6-50　男人与垃圾车视频效果图

第7章

Pika对游戏领域的颠覆

Pika 的出现可能会改变游戏领域的运作方式，也可能会对游戏的用户体验产生影响。本章就让我们一起来探究。

为了带给读者更好的观感，案例章节会配备生成视频的二维码，可以按图像编号查看案例视频。

7.1 Pika 在游戏领域的应用技巧

Pika 对游戏领域产生的影响包括：改变游戏的制作方式、提高用户体验，以及对游戏开发者提出更高的要求。这也预示着，未来的游戏领域可能会更加依赖于 AI 技术，下面将为大家详细讲述 Pika 在游戏领域的应用技巧。

7.1.1 Pika 生成游戏动态开屏页面

Pika 的出现会对游戏的用户体验产生影响，它可以生成游戏动态开屏页面，更能满足用户的需求并提供更好的用户体验，从而在竞争激烈的市场中脱颖而出。

1. Pika 生成的游戏动态开屏页面基本步骤

利用 Pika 生成游戏动态开屏页面基本步骤如下。

1）理解游戏主题和风格：深入了解游戏的主题、故事背景和视觉风格；确定开屏页面需要传达的核心信息和情感；根据游戏的主题和风格设计开屏页面的基本概念，以便制作脚本，规划布局、色彩和元素。

2）动画设计和制作：使用 SD 或者 MJ 等 AI 图片生成工具生成图片，然后再使用 Pika 使用制作动态效果；设计流畅的动画，突出重要元素；画面的选取应当是大气、广阔、气势浩荡的。

3）音频元素的添加：为开屏页面添加适合的背景音乐和声效；确保音频与视觉内容和游戏主题相匹配。

4）技巧和注意事项：确保开屏页面反映游戏的独特性和吸引点；通过视觉元素和动画传达游戏氛围。

5）视觉焦点：设计一个清晰的视觉焦点，引导玩家的注意力；使用对比、颜色和光效来突出重要元素。

6）动画流畅性：在对画面的选取应当确保是干净主体清晰的，确保动画流畅且与用户交互协调一致；整个画面避免过于复杂或分散注意力的动画。

7）音频的协调：选择能增强视觉主题的音乐和声效；音频不应过于突兀或干扰用户体验。

2. 荒原城市游戏海报生成效果演示

生成赛博朋克游戏静态海报，具体操作步骤如下。

01 描述提示词：海报风格、虚幻引擎、赛博朋克荒原城市、从天空观看、8k 分辨率、动漫、深色、柔和的颜色、超轻的细节、高度详细。

02 参数提示词：摄像机参数——镜头放大；运动强度参数——1；负提示参数——扭曲、变形；与文本的一致性参数——10。

03 参考图如图 7-1 所示。

图 7-1　荒原城市游戏海报参考图

04 完整提示词：poster style，Unreal Engine，Cyberpunk wasteland city，view from sky，8k resolution，anime，deep color，muted colors，ultra light details，highly detailed--zoom in--Strength of motion1--Consistency with the text 10--Negative prompt distorted，deformed。

05 生成视频效果如图 7-2 所示。

图 7-2　荒原城市游戏海报视频效果图

06 更换参考图，如图 7-3 所示。

图 7-3　静态海报参考图

07 再次生成视频，效果如图 7-4 所示。

图 7-4　静态海报视频效果图

7.1.2　Pika 生成游戏人物角色

创作者通过 Pika 可以生成新的游戏人物角色。这样，就可以节省大量的时间和精力，转而投入到游戏的开发和优化上。本节我们将为大家详细讲述如何利用 Pika 生成具体游戏的人物角色。

1. Pika 生成游戏人物角色基本步骤

我们将从角色概念和背景故事、初步人物脚本和设计、纹理和色彩、动画和表情这几个方面来进行讲述。

1）角色概念和背景故事：开始之前，确定角色的基本概念，这包括角色的背景故事、性格特点、动机和目标；考虑角色如何融入游戏的世界观和故事情节。

2）初步人物脚本和设计：根据角色的概念，写一个人物脚本，类似于人物档案袋；可以尝试不同的风格和形态；确定角色的体型、服装、颜色和任何特殊标志。

3）纹理和色彩：为角色添加纹理和色彩，这一步骤决定了角色的最终外观；确保色彩和纹

理与角色的性格和背景相符合。

4）动画和表情：制作角色的动画，包括走路、跑步、战斗等动作；创建角色的面部表情和口型动画，以增强其表现力。

2. Pika 生成游戏人物角色技巧和注意事项

在利用 Pika 生成游戏人物角色时，特别需要注意以下几点。

1）角色的独特性：设计时要考虑角色的独特性，使其在游戏中突出且令人印象深刻；角色的外观、动作和语言应该体现其独特的个性。

2）符合游戏世界观：角色设计应与游戏的世界观和风格相匹配；角色的能力和外观应适应游戏的环境和规则。

3）细节的重要性：注意细节，如服装的纹理、武器的设计等，这些都能增强角色的真实感；角色的表情和动作应该丰富且符合其性格。

3. 荒原小子视频生成效果演示

生成一个赛博朋克荒原小子，具体操作步骤如下。

01 描述提示词：赛博朋克荒原小子、坚定的脸、五颜六色的头发、居中、街道级别、看着相机、眨眼。

02 参数提示词：摄像机参数——镜头顺时针旋转；运动强度参数——1；负提示参数——扭曲、变形；与文本的一致性参数——10。

03 参考图如图 7-5 所示。

图 7-5　赛博朋克荒原小子参考图

04 完整提示词：Cyberpunk wasteland kid，determined face，colorful hair，centered，Street level，looking at camera，blink--ccw--Strength of motion1--Consistency with the text 10--Negative prompt distorted，deformed。

05 生成视频效果如图 7-6 所示。

图 7-6　荒原小子视频效果图

06 更换参考图，如图 7-7 所示。

图 7-7　游戏女孩参考图

07 再次生成视频效果如图 7-8 所示。

图 7-8　游戏女孩视频效果图

7.1.3　Pika 生成游戏场景

Pika 可以根据游戏需求确定场景，包括场景的主题、气氛，以及元素，然后进行调整和优化，最后根据算法生成需要的游戏场景图，这无疑为游戏创作者提高了创作效率。本节我们主要讲述 Pika 生成各种类型的游戏场景。

1. Pika 生成游戏场景基本步骤

利用 Pika 生成游戏场景的一些基本步骤如下。

1）概念规划与设计：确定场景的主题和风格，这应与游戏的整体世界观和故事线相协调；设计场景布局，包括地形、建筑物、自然元素等。

2）细节草图和蓝图：制作详细的草图和蓝图，包括每个区域的具体布局和重要特征；使用 Pika 等 AI 工具生成和游戏场景类似的画面感；在生成的时候，需要在提示词中加入固定的场景词，从而增加视觉细节和真实感。

3）光照和阴影处理：在提示词中加入光照效果，包括太阳光、灯光和其他光源，以及相应的阴影；应当考虑生成多张照片，且考虑不同时间和天气条件下的光照变化。

4）动画和特效添加：为场景中的动态元素制作动画，如水流、飘动的树叶、移动的车辆等；添加特效，如烟雾、火焰、粒子效果等。

5）音效和环境音乐：在后期添加环境音效，如风声、水声、动物叫声等，增加场景的沉浸感；配置适合场景氛围的背景音乐。

6）提示词的编写：将游戏引擎（如 Unity 或 Unreal Engine）写入提示词的最前部分，以增加权重。

2. Pika 生成游戏场景技巧和注意事项

在利用 Pika 生成游戏场景时，同样有一些技巧和需要注意的事项，我们一起来学习。

1）统一的风格和主题：确保场景的风格与游戏的整体风格一致；场景的每个元素都应该支持和加强这一风格。

2）细节处理：注重细节，这能大大增强场景的真实感和沉浸感；同时避免过度装饰，以免分散玩家的注意力。

3）可玩性和功能性：考虑场景的可玩性和功能性，确保玩家可以自然地探索和互动；规划合理的玩家路径和视觉引导。

4）光照和阴影的重要性：光照对于创造氛围非常重要，合理的光照和阴影可以极大地提升场景的美感和真实感；考虑不同时间段的光照变化，增加动态和多样性。

3. 荒原街道视频生成效果演示

生成赛博朋克荒原街道游戏场景，具体操作步骤如下。

01 描述提示词：赛博朋克荒原街道、居中、街道级别、动态照明超详细复杂详细艺术站上流行的飞溅艺术三元色彩、动漫。

02 参数提示词：摄像机参数——镜头放大；运动强度参数——1；负提示参数——扭曲、变形；与文本的一致性参数——10。

03 参考图如图 7-9 所示。

04 完整提示词：Cyberpunk wasteland street，centered，Street level，dynamic lighting hyperde-

tailed intricately detailed Splash art trending on Artstation triadic colors，anime，--pan up--Strength of motion1--Consistency with the text 10--Negative prompt distorted，deformed。

图 7-9　荒原街道参考图

05 生成视频效果如图 7-10 所示。

图 7-10　荒原街道视频效果图

06 更换参考图，如图 7-11 所示。

图 7-11　游戏场景参考图

07 再次生成视频，效果如图 7-12 所示。

图 7-12　游戏场景视频效果图

7.1.4　Pika 建模动画精准控制

经过大量的数据训练，Pika 可以根据输入的文本或图像生成相应的模型动画。模型的复杂性以及用户的输入精度等因素都会影响 Pika 对于建模动画的精准控制，因此在实践中详细准确的描述和优化才能达到理想的效果。本节我们将为大家具体讲述 Pika 对建模动画的精准控制。

1. Pika 建模动画精准控制基本步骤

利用 Pika 精准控制建模动画的四个基本步骤如下。

1）图片建模：使用 AI 辅助工具（如 SD、MJ 等）来创建或优化 3D 模型；SD、MJ 等工具可以帮助快速生成复杂的几何形状或纹理。

2）动画生成：利用 Pika 进行动画的生成。

3）提示词调整：利用提示词的镜头控制界面进行精细调整，如旋转、镜头拉近或拉远等。

4）技巧和注意事项：图片的生成，确保输入到 Pika 的画面是高清和高质量的，这是获得高质量视频输出的基础；可以使用单一人物，以及纯净背景等，这样生成的动画会得到一个较好的效果。

2. 骨骼建模动画生成效果演示

生成一个骨骼模型的视频，具体操作步骤如下。

01 描述提示词：灰色背景下的骨骼模型、分辨率 8k、滑稽形象。

02 参数提示词：摄像机参数——镜头放大；运动强度参数——2；负提示参数——扭曲、变形；与文本的一致性参数——10。

03 参考图如图 7-13 所示。

04 完整提示词：Bone model under gray background，resolution 8k，comical image --zoom in--Strength of motion2--Consistency with the text 10--Negative prompt distorted，deformed。

05 生成视频效果如图 7-14 所示。

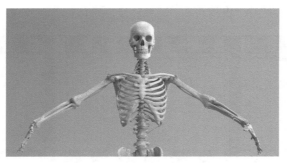

图 7-13 骨骼建模动画参考图

图 7-14 骨骼建模动画视频效果图

3. 白色骨架建模动画生成效果演示

生成一个白色骨架模型的视频，具体操作步骤如下。

01 描述提示词：白色骨架模型、三维动画、极简主义黑白草图的风格。

02 参数提示词：摄像机参数——镜头顺时针旋转；运动强度参数——1；负提示参数——扭曲、变形；与文本的一致性参数——10。

03 参考图如图 7-15 所示。

图 7-15 白色骨架建模动画参考图

04 完整提示词：White skeleton model，3D animation，in a minimalist black and white sketch style --ccw --Strength of motion1--Consistency with the text 10--Negative prompt distorted，deformed。

05 生成视频效果如图 7-16 所示。

图 7-16　白色骨架建模动画视频效果图

7.2　Pika 生成游戏动态开屏页面实例效果

下面将为大家展示 Pika 生成的游戏动态开屏页面实例效果图。

7.2.1　加载光效生成效果演示

加载光效生成效果视频的特点在于其强大的视觉冲击力、高水平的技术含量、出色的创意性、广泛的适用性和多变的交互性。本节我们将为大家展示 Pika 生成的游戏动态开屏页面实例效果图。

生成暖色系色调光效静态海报的视频，具体操作步骤如下。

01 描述提示词：静态海报风格、虚幻引擎、灯光效果、游戏开场动画、超轻细节、高度详细。

02 参数提示词：摄像机参数——镜头放大；运动强度参数——1；负提示参数——扭曲、变形；与文本的一致性参数——10。

03 参考图如图 7-17 所示。

图 7-17　暖色系海报参考图

04 完整提示词：static poster style，Unreal Engine，Light effect，game opening animation，ultra light details，highly detailed-zoom in--Strength of motion1--Consistency with the text 10--Negative prompt distorted，deformed。

05 生成视频效果如图 7-18 所示。

图 7-18　暖色系海报视频效果图

06 更换参考图，如图 7-19 所示。

图 7-19　清新系海报参考图

07 再次生成视频，效果如图 7-20 所示。

图 7-20　清新系光效静态海报视频效果图

7.2.2 渐进式动态开屏页面生成效果演示

渐进式动态开屏页面视频的特点在于优秀的用户体验、快速的加载速度、强大的兼容性、丰富的交互性和良好的视觉效果。本节我们将为创作者演示渐进式动态开屏页面短片生成效果。

生成一个渐进式动态开屏页面的视频，具体操作步骤如下。

01 描述提示词：渐进动态、运动浮动。

02 参数提示词：摄像机参数——镜头放大；运动强度参数——1；负提示参数——扭曲、变形；与文本的一致性参数——10。

03 参考图如图 7-21 所示。

图 7-21　渐进式页面参考图

04 完整提示词：Progressive dynamic，motion float--zoom in --Strength of motion1--Consistency with the text 10--Negative prompt distorted，deformed。

05 生成视频效果如图 7-22 所示。

图 7-22　渐进式页面视频效果图

06 更换参考图，如图 7-23 所示。

图 7-23　浮动式页面参考图

07 再次生成的视频效果如图 7-24 所示。

图 7-24　浮动式页面视频效果图

7.2.3　动态开屏海报生成效果演示

动态开屏海报视频的特点为动态性、多媒体性、交互性、视觉冲击力强、创新性和高技术含量。本节我们将为大家演示动态开屏海报生成效果。

1. 流线波浪海报生成效果演示

生成一个图形是数字波浪的视频，具体操作步骤如下。

01 描述提示词：数字波浪运动图形、蓝色波浪、浅红色和金色风格、发光的霓虹灯、交织的网络、波浪和橙光的抽象图片、数据可视化的风格、流体网络、深天蓝色和浅金色、流线。

02 参数提示词：摄像机参数——镜头放大；运动强度参数——1；负提示参数——扭曲、变形；与文本的一致性参数——10。

03 参考图如图 7-25 所示。

图 7-25　流线波浪海报参考图

04 完整提示词：Digital wave motion graphics，blue waves，light red and gold styles，glowing neon lights，interwoven networks，abstract images of waves and orange light，data visualization style，fluid networks，deep sky blue and light gold，streamline --zoom in --Strength of motion1--Consistency with the text 10--Negative prompt distorted，deformed。

05 生成视频效果如图 7-26 所示。

图 7-26　流线波浪海报视频效果图

2. 抽象气泡海报效果演示

生成一个抽象气泡的视频，具体操作步骤如下。

01 描述提示词：抽象气泡、光线视频背景、虚幻引擎 5 风格、深天蓝色和浅橙色、梦幻风景、微小的点、空灵的云景。

02 参数提示词：摄像机参数——镜头放大；运动强度参数——1；负提示参数——扭曲、变形；与文本的一致性参数——10。

03 参考图如图 7-27 所示。

图 7-27　抽象气泡海报参考图

04 完整提示词：Abstract bubbles，light video background，Unreal Engine 5 style，deep sky blue and light orange，dreamy scenery，tiny dots，ethereal cloud scenery --zoom in --Strength of motion1--Consistency with the text 10--Negative prompt distorted，deformed。

05 生成视频效果如图 **7-28** 所示。

图 7-28　抽象气泡海报视频效果图

7.3　Pika 生成游戏人物角色实例效果

使用 Pika 生成游戏人物角色是一项非常有趣和具有挑战性的任务，可以生成哪种类型的，以及什么程度呢？下面我们将从任天堂风格游戏人物角色、宝可梦风格游戏人物角色和积木风格游戏人物角色三种不同的类型来为创作者进行展示。

7.3.1　任天堂风格游戏人物角色生成效果演示

任天堂风格游戏人物角色的特点在于其独特性、亲和力、易于理解、持久性和互动性。本节我们将为创作者展示任天堂风格游戏人物角色的生成效果。

生成一个任天堂风格游戏人物形象的视频，具体操作步骤如下。

209

01 描述提示词：超级马里奥角色显示、任天堂风格的游戏角色、游戏角色显示、超轻细节、高度详细。

02 参数提示词：摄像机参数——镜头向右平移；运动强度参数——1；负提示参数——扭曲、变形；与文本的一致性参数——10。

03 参考图如图 7-29 所示。

图 7-29　马里奥角色参考图（一）

04 完整提示词：Super Mario Character Display，Nintendo style game characters，Game character display，ultra light details，highly detailed--pan right --Strength of motion1--Consistency with the text 10--Negative prompt distorted，deformed。

05 生成视频效果如图 7-30 所示。

图 7-30　马里奥视频效果图（一）

06 更换参考图，如图 7-31 所示。

07 再次生成视频，效果如图 7-32 所示。

图 7-31　马里奥角色参考图 （二）

图 7-32　马里奥视频效果图 （二）

7.3.2　宝可梦风格游戏人物角色生成效果演示

宝可梦风格游戏人物角色的特点在于其多样性、可爱性、互动性、成长性和收集性。本节我们将为创作者展示宝可梦风格游戏人物角色的生成效果。

生成神奇宝贝游戏角色的视频，具体操作步骤如下。

01 描述提示词：神奇宝贝风格的游戏角色生成效果演示、游戏角色显示、超轻细节、高度细节。

02 参数提示词：摄像机参数——镜头缩小；运动强度参数——1；负提示参数——扭曲、变形；与文本的一致性参数——10。

03 参考图如图 7-33 所示。

04 完整提示词：Pokémon style game character generation effect demonstration，Game character display，ultra light details，highly detailed--zoom out --Strength of motion1--Consistency with the text 10--Negative prompt distorted，deformed。

图 7-33　神奇宝贝参考图（一）

05 生成视频效果如图 7-34 所示。

图 7-34　神奇宝贝视频效果图（一）

06 更换参考图，如图 7-35 所示。

图 7-35　神奇宝贝参考图（二）

07 再次生成视频，效果如图 7-36 所示。

图 7-36　神奇宝贝视频效果图（二）

7.3.3　积木风格游戏人物角色生成效果演示

积木风格游戏人物角色的特点在于其简洁明了的设计、强大的可塑性、高度的互动性以及易于修改和更新的特性。本节我们将为创作者展示积木风格游戏人物角色的生成效果。

生成一个积木风格游戏角色的视频，具体操作步骤如下。

01　描述提示词：积木式游戏角色、游戏角色生成效果演示、游戏角色显示、超轻细节、高度细节。

02　参数提示词：摄像机参数——镜头放大；运动强度参数——1；负提示参数——扭曲、变形；与文本的一致性参数——10。

03　参考图如图 7-37 所示。

图 7-37　积木风格游戏角色参考图（一）

04　完整提示词：Building block style game characters，game character generation effect demonstration，Game character display，ultra light details，highly detailed--zoom in --Strength of motion1--Consistency with the text 10--Negative prompt distorted，deformed。

05　生成视频效果如图 7-38 所示。

06　更换参考图，如图 7-39 所示。

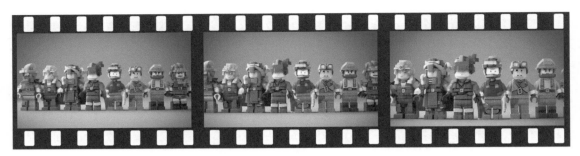

图 7-38 积木风格游戏角色视频效果图（一）

图 7-39 积木风格游戏角色参考图（二）

07 再次生成视频，效果如图 7-40 所示。

图 7-40 积木风格游戏角色视频效果图（二）

7.4 Pika 生成游戏场景实例效果

Pika 使用了深度学习和计算机视觉技术，通过学习大量的真实场景数据，生成具有真实感和多样性的游戏场景。这种方式可以大大提高游戏的制作效率，同时也能提供更丰富、更具挑战性的游戏体验。下面我们将一起欣赏 Pika 生成游戏场景的实例效果。

7.4.1　中国风玄幻游戏场景生成效果演示

中国风玄幻游戏场景的特点在于其丰富的自然景观、独特的建筑风格、丰富的神话元素、和谐的色彩搭配以及深厚的背景故事。本节我们将一起欣赏中国风玄幻游戏场景生成效果。

1. 小溪流动视频生成效果演示

生成一个具有中国风格的奇幻游戏场景视频，具体操作步骤如下。

01 描述提示词：中国风格的奇幻游戏场景、小溪流动。

02 参数提示词：摄像机参数——镜头缩小；运动强度参数——1；负提示参数——扭曲、变形；与文本的一致性参数——10。

03 参考图如图 7-41 所示。

图 7-41　小溪参考图

04 完整提示词：Chinese style fantasy game scene，stream flowing--zoom out --Strength of motion1--Consistency with the text 10--Negative prompt distorted，deformed。

05 生成视频效果如图 7-42 所示。

图 7-42　小溪流动视频效果图

2. 中国风场景视频生成效果演示

生成一个具有中国风格的奇幻场景视频，具体操作步骤如下。

01 描述提示词：中国风格的奇幻游戏场景。

02 参数提示词：摄像机参数——镜头缩小；运动强度参数——1；负提示参数——扭曲、变形；与文本的一致性参数——10。

03 参考图如图 7-43 所示。

图 7-43　中国风场景参考图

04 完整提示词：Chinese style fantasy game scene--zoom out --Strength of motion1--Consistency with the text 10--Negative prompt distorted，deformed。

05 生成视频效果如图 7-44 所示。

图 7-44　中国风场景视频效果图

7.4.2　科幻游戏场景生成效果演示

科幻游戏场景的特点在于其丰富的科技元素、未来城市设计、出色的光影效果、深远的故事背景以及创新性。本节我们将一起欣赏科幻游戏场景生成效果。

1. 太空船视频生成效果演示

生成一个峡谷中的太空船科幻游戏场景视频，具体操作步骤如下。

01　描述提示词：一艘停在峡谷中的太空船、黄色和琥珀色的风格、废墟、大胆的对比和质感、电影剧照、宏伟的规模。

02　参数提示词：摄像机参数——镜头向左平移；运动强度参数——1；负提示参数——扭曲，变形；与文本的一致性参数——10。

03　参考图如图 7-45 所示。

图 7-45　太空船参考图

04　完整提示词：A spaceship parked in a canyon，with a yellow and amber style，ruins，bold contrast and texture，movie stills，grand scale --pan left --Strength of motion1--Consistency with the text 10--Negative prompt distorted，deformed。

05　生成视频效果如图 7-46 所示。

图 7-46　太空船视频效果图

2. 霓虹灯生成效果演示

生成一个充满霓虹灯的未来主义科幻场景视频，具体操作步骤如下。

01 描述提示词：充满霓虹灯的未来主义城市、以虚幻引擎渲染的风格、工业机械美学、深白色和橙色。

02 参数提示词：摄像机参数——镜头缩小；运动强度参数——1；负提示参数——扭曲、变形；与文本的一致性参数——10。

03 参考图如图 7-47 所示。

图 7-47 霓虹灯参考图

04 完整提示词：A futuristic city filled with neon lights，rendered with a style of Unreal Engine，industrial mechanical aesthetics，dark white and orange --zoom out --Strength of motion1--Consistency with the text 10--Negative prompt distorted，deformed。

05 生成视频效果如图 7-48 所示。

图 7-48 霓虹灯视频效果图

7.4.3 机械世界游戏场景生成效果演示

机械游戏场景的特点在于其丰富的机械元素、明显的工业风格、出色的光影效果、深远的故事背景以及创新性。本节我们将一起欣赏机械世界游戏场景生成效果。

1. 机械世界视频生成效果演示

生成机械世界游戏场景的视频，具体操作步骤如下。

01　描述提示词：齿轮转动。

02　参数提示词：摄像机参数——镜头向左平移；运动强度参数——1；负提示参数——扭曲、变形；与文本的一致性参数——10。

03　参考图如图 7-49 所示。

图 7-49　机械世界参考图

04　完整提示词：gear turning，--pan left --Strength of motion1--Consistency with the text 10--Negative prompt distorted，deformed。

05　生成视频效果如图 7-50 所示。

图 7-50　机械世界视频效果图

2. 现代工业视频生成效果演示

生成具有现代工业场景的视频场景，具体操作步骤如下。

01　描述提示词：一张显示现代工业场景的图像、以细节和复杂的构图、发光的三维物体、交叉处理、选择性聚焦、超逼真的油画。

02　参数提示词：摄像机参数——镜头缩小；运动强度参数——1；负提示参数——扭曲、

变形；与文本的一致性参数——10。

03 参考图如图 7-51 所示。

图 7-51 现代工业参考图

04 完整提示词：An image displaying a modern industrial scene，featuring details and complex composition，glowing 3D objects，cross processing，selective focusing，and ultra realistic oil painting -- zoom out --Strength of motion1--Consistency with the text 10--Negative prompt distorted，deformed。

05 生成视频效果如图 7-52 所示。

图 7-52 现代工业视频效果图

7.5 Pika 建模动画精准控制实例效果

在实际应用中，Pika 可以对建模动画实施精准控制。例如使用生成式扩散图像模型来生成动画素材，然后将这些素材应用于传统的创作流程中。下面我们欣赏 Pika 在游戏建模动画精确控制方面的应用实例。

7.5.1 面部细节控制效果演示

在建模动画面中，精细度、动态性、个性化、兼容性、自然性是面部细节控制的一些主要特点，它们共同决定了模型的整体质量和用户的体验。本节我们将主要展示以面部细节为主的精

准控制效果。

1. 炫酷建模人物动画效果生成演示

生成一个较为炫酷的建模人物动画视频，具体操作步骤如下。

01 描述提示词：建模动画精确控制实例效果、面部细节控制。

02 参数提示词：摄像机参数——镜头缩小；运动强度参数——1；负提示参数——扭曲、变形；与文本的一致性参数——10。

03 参考图如图 7-53 所示。

图 7-53　炫酷建模人物动画参考图

04 完整提示词：Modeling animation accurately controls instance effects，Facial detail control，--zoom out --Strength of motion1--Consistency with the text 10--Negative prompt distorted，deformed。

05 生成视频效果如图 7-54 所示。

图 7-54　炫酷建模人物动画视频效果图

2. 唯美建模人物动画生成效果演示

生成一个较为唯美的建模人物动画视频，具体操作步骤如下。

01 描述提示词：建模动画精确控制实例效果、面部细节控制。

02 参数提示词：摄像机参数——镜头向左平移；运动强度参数——1；负提示参数——扭曲、变形；与文本的一致性参数——10。

03 参考图如图 7-55 所示。

图 7-55 唯美建模人物动画参考图

04 完整提示词：Modeling animation accurately controls instance effects，Facial detail control，--pan left --Strength of motion1--Consistency with the text 10--Negative prompt distorted，deformed。

05 生成视频效果如图 7-56 所示。

图 7-56 唯美建模人物动画视频效果图

7.5.2 肢体动作控制效果演示

精确性、灵活性、稳定性、协调性、适应性是肢体动作控制的一些主要特点，它们共同决定了肢体动作的质量和效率。本节我们将展示以肢体动作为主的精准控制效果演示。

1. 建模人物身体控制视频生成效果演示

生成建模人物身体控制运动的视频，具体操作步骤如下。

01 描述提示词：建模动画精确控制实例效果、身体运动控制。

02 参数提示词：摄像机参数——镜头缩小；运动强度参数——1；负提示参数——扭曲、变形；与文本的一致性参数——10。

03 参考图如图 7-57 所示。

图 7-57　建模人物身体控制参考图

04 完整提示词：Modeling animation accurately controls instance effects，body movement control--zoom out --Strength of motion1--Consistency with the text 10--Negative prompt distorted，deformed。

05 生成视频效果如图 7-58 所示。

图 7-58　建模人物身体控制视频效果图

2. 建模人物运动视频生成效果演示

生成建模人物进行肢体运动的视频，具体操作步骤如下。

01 描述提示词：建模动画精确控制实例效果、身体运动控制。

02 参数提示词：摄像机参数——镜头放大；运动强度参数——1；负提示参数——扭曲、变形；与文本的一致性参数——10。

03 参考图如图 7-59 所示。

04 完整提示词：Modeling animation accurately controls instance effects，body movement control--zoom in --Strength of motion1--Consistency with the text 10--Negative prompt distorted，deformed。

图 7-59　建模人物运动参考图

05 生成视频效果如图 7-60 所示。

图 7-60　建模人物运动视频效果图

第8章

Pika对电影领域的颠覆

Pika 的产生对电影行业产生了深远的影响，它不仅改变了影视制作的方式，也深刻地影响了影视作品的内容和风格。本章就让我们一起学习 Pika 对于电影领域的颠覆性创新。

为了带给读者更好的观感，案例章节会配备生成视频的二维码，可以按图像编号查看案例视频。

8.1　Pika 在电影领域的应用技巧

Pika 在电影领域的应用技巧主要表现在可以根据创作类型、表现主题以及目标受众群体等要素，生成符合需求的电影级画面。得益于深度学习算法，Pika 可以在进行创作后进行部分元素修改和尺寸裁剪等操作，下面我们将一起来学习 Pika 在电影领域的应用技巧。

8.1.1　Pika 生成电影级画面

Pika 的产生为影视创作提供了更多的可能性和创意性。通过算法和机器学习，人工智能可以解读和分析大量数据，从而提供更精准的市场分析，生成在主题、剧本创作、拍摄手法，画面风格和表现方式等方面都更加贴近观众的需求影视作品。本节我们将一起学习如何使用 Pika 生成电影级画面。

1. Pika 生成电影级画面基本步骤

下面我们将从数据收集与预处理、使用 AI 工具、内容生成，后期处理和优化这四个方面为大家详细介绍如何利用 Pika 生成电影级的画面。

1）数据收集与预处理：收集高质量的影像数据，包括视频、图片和 3D 模型等；增加自己的电影画面美感培养。

2）使用 AI 工具：使用如 SD 或者 MJ 等 AI 出图工具进行图片生成。

3）内容生成：使用 AI 工具生成初步的影像内容；生成内容可能包括背景、角色、特效等。

4）后期处理和优化：对 AI 生成的内容进行后期处理，如色彩调整、特效增强等；进行必要的优化，确保画面质量达到电影级标准。

2. Pika 生成电影级画面技巧和注意事项

在使用 Pika 生成电影级画面的过程中，有一些操作技巧和注意事项值得我们特别关注。

1）高质量图片源：使用高质量的图片源是关键，这包括高分辨率的图像和高质量的视频素材；提示词的质量直接影响 AI 生成画面的最终效果。

2）后期处理的重要性：AI 生成的内容通常需要后期处理和优化，以达到真正的电影级质量；后期处理包括色彩校正、对比度调整、特效添加等操作环节。

3）艺术与技术的结合：艺术感知和创造力是制作电影级画面不可或缺的，AI 工具应作为艺术家的助手，而不是替代品；结合艺术家的创意和 AI 的效率，以达到最佳效果。

3. 渔夫和女人生成效果演示

生成渔夫和女人戏剧电影的视频，具体操作步骤如下。

01 描述提示词：电影场景、戏剧性的电影、特写镜头、一位年轻的渔夫在船上和一位年轻女人渴望地看着对方并相爱了、下着雨。

02 参数提示词：摄像机参数——镜头放大；运动强度参数——1；负提示参数——扭曲、变形；与文本的一致性参数——10。

03 参考图如图 8-1 所示。

图 8-1　渔夫和女人参考图

04 完整提示词：Movie scene, dramatic movie, close-up shots, a young fisherman on a boat and a young woman eagerly watching each other fall in love, it's raining --zoom in --Strength of motion1--Consistency with the text 10--Negative prompt distorted, deformed。

05 生成视频效果如图 8-2 所示。

图 8-2　渔夫和女人视频效果图

4. 情侣在船上生成效果演示

生成一对情侣在被雨水覆盖的船上的视频，具体操作步骤如下。

01 描述提示词：一对情侣站在一艘被雨水覆盖的船上、摄影风格、年轻的主角、照片、浪漫的戏剧。

02 参数提示词：摄像机参数——镜头放大；运动强度参数——1；负提示参数——扭曲、变形；与文本的一致性参数——10。

03 参考图如图 8-3 所示。

图 8-3　情侣在船上参考图

04 完整提示词：A couple stands on a ship covered in rainwater, with a photography style, young protagonist, photos, and romantic drama --zoom in --Strength of motion1--Consistency with the text 10--Negative prompt distorted, deformed。

05 生成视频效果如图 8-4 所示。

图 8-4　情侣在船上视频效果图

8.1.2　Pika 代替后期剪辑

Pika 在一定程度上提升了影视制作的效率和质量。在视频生成方面，它可以根据文本提示内容生成符合需求的作品。在剪辑和特效制作等方面，它可以实现快速精准的修改及再制作。从而在缩短了制作周期，降低了人力成本的基础上，为观众创作出极具创意和艺术性的作品。本节

我们将详细介绍 Pika 如何替代后期剪辑。

Pika 作为一款视频生成工具，采用了先进的 AI 模型，能够创作和编辑如 3D 动画、动漫、卡通和电影等各种类型的视频。该工具的出现，使视频素材收集、视频制作剪辑、后期包装、渲染导出和发布等环节能够在一个软件中一次性完成，极大地简化了视频制作过程、节约了时间，从而提高视频创作的效率。

具体而言，用户可以在 Pika 文本框中输入提示词或图像，也可以直接搜索并选择所需的视频素材，AI 模型根据用户输入内容直接生成符合需求的作品，在一定程度上代替了传统的后期剪辑。通过 AI 自动剪辑和素材合成，极大简化了剪辑流程。例如，根据不同需求 AI 技术自动分割视频、替换背景和修改部分元素等，直接生成符合需求的不同风格视频。Pika 还提供了强大的高级编辑功能，用户可以在创作时进行视频剪辑，也可以根据需求生成各种创意视频，还可以在视频创作过程中对局部进行修改和再创作。此外，Pika 还提供智能延伸的功能，用户可以根据需要对生成的视频进行无限扩展。最后，还可以将生成的视频导出到本地，或直接发布到各大视频平台。

这种视频创作方式不仅大大提高了效率，还可以生成各种风格的视频，满足了用户的多样化需求。Pika 支持文生视频、图生视频、视频转视频、局部修改元素、智能延伸和视频直接发布等功能，直接省略了后期剪辑环节，极大地简化了视频创作流程，提高视频创作的灵活性和便利性，使视频创作变得更加简单、快捷和高效。

8.2　Pika 综合应用生成电影短片实例效果

Pika 可以通过深度学习和智能识别等技术，对各类型电影的特点进行分析，帮助创作团队更精准地定位电影特色和剧情发展，满足观众的需求，提供更好的观影体验。下面让我们来一起来欣赏 Pika 生成的不同类型电影短片的效果。

8.2.1　黑白电影短片生成效果演示

黑白电影是电影制作的一种形式，它的主要特点是影片的色彩为黑白，即影片中的所有图像都是由黑、白、灰三种颜色构成，没有丰富的色彩变化。本节就让我们一起来看看 Pika 生成的黑白电影短片效果。

1. 黑白电影短片生成效果演示

生成一个黑白电影短片的戏剧视频，具体操作步骤如下。

01 描述提示词：黑白短片、电影场景、戏剧电影风格。

02 参数提示词：摄像机参数——镜头顺时针旋转；运动强度参数——1；负提示参数——扭曲、变形；与文本的一致性参数——10。

03 参考图如图 8-5 所示。

图 8-5　黑白电影短片参考图

04 完整提示词：black and white short film，cinematic scene，dramatic film style--ccw --Strength of motion1--Consistency with the text 10--Negative prompt distorted，deformed。

05 生成视频效果如图 8-6 所示。

图 8-6　黑白电影短片视频效果图

2. 唯美黑白电影场景生成效果演示

生成一个唯美性戏剧风格的黑白电影场景，具体操作步骤如下。

01 描述提示词：黑白短片、电影场景、戏剧性的电影风格。

02 参数提示词：摄像机参数——镜头放大；运动强度参数——1；负提示参数——扭曲、变形；与文本的一致性参数——10。

03 参考图如图 8-7 所示。

图 8-7　唯美黑白电影场景参考图

04 完整提示词：black and white short film，cinematic scene，dramatic film style--zoom in --Strength of motion1--Consistency with the text 10--Negative prompt distorted，deformed。

05 生成视频效果如图 8-8 所示。

图 8-8　唯美黑白电影场景视频效果图

8.2.2　动作电影短片生成效果演示

　　动作电影通常以冒险、犯罪、战争等主题为主，情节多以紧张、刺激为主。动作电影中的人物角色通常具有高强度的动作技巧和特殊能力，如武术、格斗、驾驶、射击等。在视觉效果上也有其独特之处，包括大量的特技镜头、大场面的动作，以及人物的高难度动作等。本节让我们一起来看看 Pika 生成的动作电影短片效果。

1. 射击生成效果演示

生成一个男子用手枪射击的视频，具体操作步骤如下。

01 描述提示词：动作片风格、戏剧性电影风格、一个男子用手枪射击。

02 参数提示词：摄像机参数——镜头缩小；运动强度参数——1；负提示参数——扭曲、变形；与文本的一致性参数——10。

03 参考图如图 8-9 所示。

图 8-9　射击参考图

04 完整提示词：action movie style，dramatic film style，A man shoots with a pistol--zoom out --Strength of motion1--Consistency with the text 10--Negative prompt distorted，deformed。

05 生成视频效果如图 8-10 所示。

图 8-10　射击视频效果图

2. 近距离射击生成效果演示

生成一个男人用手枪近距离射击的动作片风格视频，具体操作步骤如下。

01 描述提示词：动作片风格、戏剧性的电影风格、一个男人用手枪射击。

02 参数提示词：摄像机参数——镜头放大；运动强度参数——1；负提示参数——扭曲、变形；与文本的一致性参数——10。

03 参考图如图 8-11 所示。

图 8-11　近距离射击参考图

04 完整提示词：action movie style，dramatic film style，A man shoots with a pistol--zoom in --Strength of motion1--Consistency with the text 10--Negative prompt distorted，deformed。

05 生成视频效果如图 8-12 所示。

图 8-12　近距离射击视频效果图

8.2.3　末日电影短片生成效果演示

末日电影是恐怖电影的一种类型，在角色设定、剧情设定、视觉效果等方面的独特创新为观众带来了视觉和听觉的享受，同时也引发了人们对生命、死亡、人性等深刻主题的思考。本节让我们一起来看看 Pika 生成的末日电影短片效果。

1. 女战士生成效果演示

生成一个在废墟中的现代女战士，具体操作步骤如下。

01 描述提示词：一个在废墟中的现代女战士、黑夜、破旧的楼房、丧尸电影风格、戏剧性电影风格。

02 参数提示词：摄像机参数——镜头放大；运动强度参数——1；负提示参数——扭曲、变形；与文本的一致性参数——10。

03 参考图如图 8-13 所示。

图 8-13　女战士参考图

04 完整提示词：A modern female warrior in ruins, dark night, dilapidated buildings, zombie movie style, dramatic movie style--zoom in --Strength of motion1--Consistency with the text 10--Negative

prompt distorted，deformed。

〔05〕生成视频效果如图 8-14 所示。

图 8-14　女战士视频效果图

2. 丧尸生成效果演示

生成一个丧尸站在废墟上的短片视频，具体操作步骤如下。

〔01〕描述提示词：一个丧尸站在废墟上、丧尸电影风格、戏剧性电影风格。

〔02〕参数提示词：摄像机参数——镜头放大；运动强度参数——1；负提示参数——扭曲、变形；与文本的一致性参数——10。

〔03〕参考图如图 8-15 所示。

图 8-15　丧尸站在废墟上参考图

〔04〕完整提示词：A zombie stands on the ruins，zombie movie style，dramatic film style--zoom in --Strength of motion1--Consistency with the text 10--Negative prompt distorted，deformed。

〔05〕生成视频效果如图 8-16 所示。

图 8-16　丧尸站在废墟上视频效果图

8.2.4　喜剧电影短片生成效果演示

喜剧电影是以产生笑的效果为特征的故事片，主要艺术手段是发掘生活中的可笑现象，进行夸张的处理，达到真实和夸张的统一，尤其强调幽默。

喜剧电影在营造喜剧效果上，往往是借助于人物的形体、表情和心理等喜剧性动作，来推动电影的情节发展，以及对人物性格进行刻画，本节让我们一起来看看 Pika 生成的喜剧电影短片效果。

1. 拍摄中的男人生成效果演示

生成一个男人正在拍摄的短片喜剧视频，具体操作步骤如下。

01　描述提示词：一个男人正在拍摄的喜剧短片视频。

02　参数提示词：摄像机参数——镜头放大；运动强度参数——1；负提示参数——扭曲、变形；与文本的一致性参数——10。

03　参考图如图 8-17 所示。

图 8-17　拍摄中的男人参考图

04 完整提示词：An old man sits on a sofa in a movie theater filled with smoke--zoom in --Strength of motion1--Consistency with the text 10--Negative prompt distorted，deformed。

05 生成视频效果如图 8-18 所示。

图 8-18　拍摄中的男人视频效果图

2. 男人坐在沙发上生成效果演示

生成一个老人坐在电影院沙发上的喜剧短片视频，具体操作步骤如下。

01 描述提示词：一位老人坐在烟雾弥漫的电影院里的沙发上。

02 参数提示词：摄像机参数——镜头放大；运动强度参数——1；负提示参数——扭曲、变形；与文本的一致性参数——10。

03 参考图如图 8-19 所示。

图 8-19　老人坐在沙发上参考图

04 完整提示词：An old man sits on a sofa in a movie theater filled with smoke--zoom in --Strength of motion1--Consistency with the text 10--Negative prompt distorted，deformed。

05 生成视频效果如图 8-20 所示。

图 8-20　老人坐在沙发上视频效果图

8.2.5　机车电影短片生成效果演示

机车电影是以摩托车为主题的电影类型，常富含大量动作元素，如摩托车竞赛、追逐、特技表演等。它具有强烈的视觉效果，这些动作元素不仅提高了电影的观赏性，还为其增添了紧张刺激的氛围，同时也让观众更深刻地思考电影的主题和情感。接下来，让我们一同欣赏 Pika 生成的机车电影短片。

1. 炫酷机车生成效果演示

生成一个炫酷的机车视频，具体操作步骤如下。

01 描述提示词：烟雾弥漫的摩托车。

02 参数提示词：摄像机参数——镜头缩小；运动强度参数——1；负提示参数——扭曲、变形；与文本的一致性参数——10。

03 参考图如图 8-21 所示。

图 8-21　机车参考图

04 完整提示词：A motorcycle filled with smoke--zoom out --Strength of motion1--Consistency with the text 10--Negative prompt distorted，deformed。

05 生成视频效果如图 8-22 所示。

图 8-22　机车视频效果图

2. 男子骑机车视频生成效果演示

生成一个男子骑着摩托车高速行驶的视频，具体操作步骤如下。

01 描述提示词：一个男子骑着摩托车高速行驶、烟雾弥漫。

02 参数提示词：摄像机参数——镜头缩小；运动强度参数——1；负提示参数——扭曲、变形；与文本的一致性参数——10。

03 参考图如图 8-23 所示。

图 8-23　男子骑机车参考图

04 完整提示词：A man is riding a motorcycle at high speed, filled with smoke--zoom out --Strength of motion1--Consistency with the text 10--Negative prompt distorted，deformed。

05 生成视频效果如图 8-24 所示。

图 8-24　男子骑机车视频效果图

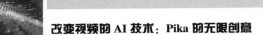

8.2.6 科幻电影短片生成效果演示

科幻电影是一种以科学原理为基石，对未来世界或遥远过去的情景进行幻想式描绘的电影类型。它以极富想象力和科学精神的艺术形式，为人们开启了一扇认知世界的窗口。在本节，我们将一同观赏 Pika 生成的科幻电影短片。

1. 男子眺望远方生成效果演示

生成一个男人站在外星眺望远方的视频，具体操作步骤如下。

01 描述提示词：一个人站在外星上眺望远方。

02 参数提示词：摄像机参数——镜头放大、镜头向上平移；运动强度参数——1；负提示参数——扭曲、变形；与文本的一致性参数——10。

03 参考图如图 8-25 所示。

图 8-25　男子眺望远方参考图

04 完整提示词：A man stands on an alien planet and looks into the distance--zoom in pan-up --Strength of motion1--Consistency with the text 10--Negative prompt distorted，deformed。

05 生成视频效果如图 8-26 所示。

图 8-26　男子眺望远方视频效果图

2. 宇航员眺望远方生成效果演示

生成一个宇航员站在外星眺望远方的科幻视频，具体操作步骤如下。

01 描述提示词：一个人站在外星上眺望远方。

02 参数提示词：摄像机参数——镜头放大、镜头向左平移；运动强度参数——1；负提示参数——扭曲、变形；与文本的一致性参数——10。

03 参考图如图 8-27 所示。

图 8-27　宇航员眺望远方参考图

04 完整提示词：A man stands on an alien planet and looks into the distance--zoom in pan-left --Strength of motion1--Consistency with the text 10--Negative prompt distorted，deformed。

05 生成视频效果如图 8-28 所示。

图 8-28　宇航员眺望远方视频效果图

8.2.7　赛博朋克电影短片生成效果演示

赛博朋克电影是以科技信息技术为主要内容，展示人类社会的未来发展，具有科技高度发达、虚拟与现实融合等鲜明的艺术特性。Pika 同样能够生成科技感满满的赛博朋克系列电影短

片，本节让我们一起来看看短片效果。

生成一个赛博朋克风格风格的视频，具体操作步骤如下。

01 描述提示词：赛博朋克电影、赛博朋克城市、戏剧电影风格。

02 参数提示词：摄像机参数——镜头缩小；运动强度参数——1；负提示参数——扭曲、变形；与文本的一致性参数——10。

03 参考图如图 8-29 所示。

图 8-29　赛博朋克城市参考图

04 完整提示词：cyberpunk movies，cyberpunk city，dramatic film style，--zoom out --Strength of motion1--Consistency with the text 10--Negative prompt distorted，deformed。

05 生成视频效果如图 8-30 所示。

图 8-30　赛博朋克城市视频效果图

06 更换参考图，如图 8-31 所示。

07 再次生成视频，效果如图 8-32 所示。

图 8-31　男人站在大街参考图

图 8-32　男人站在大街视频效果图

8.2.8　惊悚电影短片生成效果演示

惊悚电影通过设置悬念来构建整体框架，将悬疑和惊悚元素融合在一起，以提高影片的吸引力和可观性。利用扣人心弦的情节和紧张刺激的氛围让观众在观影过程中产生强烈的心理反应。本节让我们一起来欣赏 Pika 生成的惊悚电影短片的效果。

生成一个男人深夜独自在大街上具有戏剧性风格的惊悚电影视频，具体操作步骤如下。

01　描述提示词：戏剧性的电影风格。

02　参数提示词：摄像机参数——镜头放大；运动强度参数——1；负提示参数——扭曲、变形；与文本的一致性参数——10。

03　参考图如图 8-33 所示。

04　完整提示词：dramatic film style，--zoom in --Strength of motion1--Consistency with the text 10--Negative prompt distorted，deformed。

05　生成视频效果如图 8-34 所示。

图 8-33　男人独自在大街参考图

图 8-34　男人独自在大街视频效果图

06 更换参考图，如图 8-35 所示。

图 8-35　满脸伤痕的人物参考图

07 再次生成视频，效果如图 8-36 所示。

图 8-36　满脸伤痕的人物视频效果图

8.2.9　文艺电影短片生成效果演示

文艺电影在艺术性方面表现较为出众，它体现在对电影色调、光影和音乐等方面的运用，以及电影语言表达独特性之上，让人感受平静但又震撼心灵，同时具有一定的浪漫主义色彩。本节，让我们一起来欣赏 Pika 生成的文艺电影短片效果。

生成一个男人坐在沙发上看书极具有文艺气息的视频，具体操作步骤如下。

01　描述提示词：戏剧性的电影风格。

02　参数提示词：摄像机参数——镜头放大；运动强度参数——1；负提示参数——扭曲、变形；与文本的一致性参数——10。

03　参考图如图 8-37 所示。

图 8-37　男人看书参考图

04　完整提示词：dramatic film style，--zoom in --Strength of motion1--Consistency with the text 10--Negative prompt distorted，deformed。

05　生成视频效果如图 8-38 所示。

图 8-38　男人看书视频效果图

06 更换参考图，如图 8-39 所示。

图 8-39　女生找书参考图

07 再次生成视频，效果如图 8-40 所示。

图 8-40　女生找书视频效果图